高等学校新工科计算机类专业教材

Hadoop3 大数据部署与数据分析实战

◎主　编　李昌庆　梁　舒　赵圆圆

◎副主编　黄志毅　李丹婷　余志明　程　鹏

◎参　编　黄廉杏　宋如广　蔡广基　黄锦敬

　　　　　卢　来　林志健　丁兵兵

西安电子科技大学出版社

内容简介

本书从初学者和开发人员的角度出发，以实战应用为原则，主要介绍了 Hadoop3 的组件和生态系统内的大数据应用工具。全书共 7 个项目、23 个任务，主要内容包括搭建 Hadoop 开发环境、Hadoop 入门及实战、Hive 数据分析、HBase 分布式存储数据库、ZooKeeper 分布式协调服务、Flume 数据采集、Sqoop 数据迁移等。

本书可作为应用型本科计算机科学与技术、大数据技术和物联网工程等相关专业的教材，也可供职业本科以及高职计算机网络技术、物联网应用技术、大数据技术等相关专业的学生使用。

图书在版编目(CIP)数据

Hadoop3 大数据部署与数据分析实战 / 李昌庆，梁舒，赵圆圆主编 . -- 西安：西安电子科技大学出版社，2024.3
ISBN 978-7-5606-7213-7

Ⅰ . ① H… Ⅱ . ①李… ②梁… ③赵… Ⅲ . ① 数据处理软件—高等学校—教材 Ⅳ . ① TP274

中国国家版本馆 CIP 数据核字 (2024) 第 050645 号

策　　划　明政珠
责任编辑　明政珠　孟秋黎
出版发行　西安电子科技大学出版社 (西安市太白南路 2 号)
电　　话　(029)88202421 88201467　　　　邮　　编　710071
网　　址　www.xduph.com　　　　　　电子邮箱　xdupfxb001@163.com
经　　销　新华书店
印刷单位　陕西天意印务有限责任公司
版　　次　2024 年 3 月第 1 版　　2024 年 3 月第 1 次印刷
开　　本　787 毫米 × 1092 毫米　　1/16　　印　张　9.5
字　　数　219 千字
定　　价　39.00 元

ISBN 978-7-5606-7213-7 / TP

XDUP 7515001-1

前　言

今天，当我们打开智能手机的应用软件时，首页呈现的数据基本都是根据大数据推荐的，显然我们已经身处大数据时代的洪流当中。大数据时代的来临，使数据成为推动企业发展和创新的关键资源，然而处理和分析大规模数据集并不是一项容易的任务。在充满挑战与机遇的大数据领域，Hadoop3 是一个不可或缺的工具，它为我们提供了处理海量数据的能力，为构建智能、高效的应用程序和解决方案提供了可能。

为了让更多的读者了解和应用 Hadoop3，我们编写了本书，希望可以帮助读者轻松掌握大数据技术。

本书作者均有丰富的高校教学经验，在教学过程中发现学习者更需要的是详细的、实用的、能够从初学者角度出发的教材。因此，本书收集了很多学生的意见，从学习者的角度出发，注重结合实践操作，以任务驱动的方式来设定学习目标。每个项目都引入了职场情景，让初学者能够代入实际的工作场景，了解企业的实际项目应用需求。另外，在每个章节均绘制了知识图谱，使知识点更清晰，便于记忆。

本书旨在向大学生和初涉大数据领域的专业人士介绍 Hadoop3 的核心概念、原理、生态组件及实际应用场景。本书的目标是培养学生处理大规模数据集的能力，帮助他们在未来的职业生涯中自信地应对各种大数据挑战。

本书的主要特点如下：

(1) 详尽细致。考虑到大多数初学者面临的问题，在实现步骤、命令和编程中均结合图文进行了详细演示和描述。

(2) 介绍全面。介绍了 Hadoop3 的各个组件，包括 HDFS、MapReduce 等，还探讨了与 Hadoop 生态系统相关的其他技术，如 Hive、HBase、ZooKeeper、Flume 及 Sqoop 等，可帮助读者构建更完善的大数据解决方案。

(3) 实践性强。不仅提供了理论知识，还提供了大量实际案例和操作指南，可帮助读者在实际项目中应用所学知识。

本书分为 7 个项目，每个项目由浅入深，提供了高级技巧和最佳实践。读者可以根据自己的需求选择阅读特定项目，也可以按照项目顺序逐步学习，掌握 Hadoop3 的方方面面。项目 1 介绍 Hadoop 的作用、特点、诞生和发展，以及 Hadoop 完全分布式环境的搭建。项目 2 介绍 Hadoop 的核心组件和接口操作。项目 3 介绍数据分析工具 Hive 的部署与应用。项目 4 介绍分布式存储数据库 HBase 的特点、部署与应用。项目 5 至项目 7 详细介绍 Hadoop 生态系统中的几个核心组件，包括分布式协调服务 ZooKeeper、数据采集工具 Flume 和数据迁移工具 Sqoop。

本书由李昌庆、梁舒和赵圆圆主编。李昌庆负责拟定大纲、设定项目背景；梁舒负责总纂，组建并管理编写团队；赵圆圆负责对全书内容进行审核与修订。本书项目 1 由黄志毅负责编写，项目 2 由李丹婷负责编写，项目 3、项目 6 和项目 7 由余志明负责编写，项目 4 和项目 5 由程鹏负责编写。另外，感谢所有支持本书编写和出版的人们，无论是直接参与撰写的同事，还是那些在背后默默支持我们的朋友和家人。

由于编者水平有限，书中难免存在不足之处，欢迎读者提出反馈和建议，以帮助我们改进书中内容。希望本书能够成为你在大数据领域探索的指南，成为你掌握 Hadoop3 技术的得力助手，为你的学习和工作带来便利和启发。

编　者

2024 年 2 月

目　　录

项目 1　搭建 Hadoop 开发环境

>>>> 项目引入

马克刚加入了一家大数据分析服务公司，担任数据分析工程师。刚入职不久，马克的团队就接到了某个电商客户的需求，委托他们对其商品推荐算法的性能进行改进。团队负责人李梅召集所有工程师召开了需求分析会。

李梅：这次客户的主要需求是提升商品推荐算法的性能，原来客户使用的是单台服务器，在处理大量数据分析时性能捉襟见肘，这次我们只有使用分布式处理技术，才能有效提升性能。大家有什么好的想法吗？

马克：据我所知，Hadoop 是支持分布式大数据分析的，我们可以先进行调研，部署技术环境，对其性能进行评估。

李梅：这个想法不错，那调研和部署的工作就交给你来负责。

马克：没问题！

>>>> 任务目标

(1) 了解 Hadoop 及其特点。
(2) 了解 Hadoop 的诞生过程与发展现状。
(3) 掌握 Hadoop 部署资源的获取。
(4) 掌握 Hadoop 模板机的搭建。
(5) 掌握 Hadoop 完全分布式环境的部署。

>>>> 知识图谱

本项目的知识图谱如图 1-1 所示。

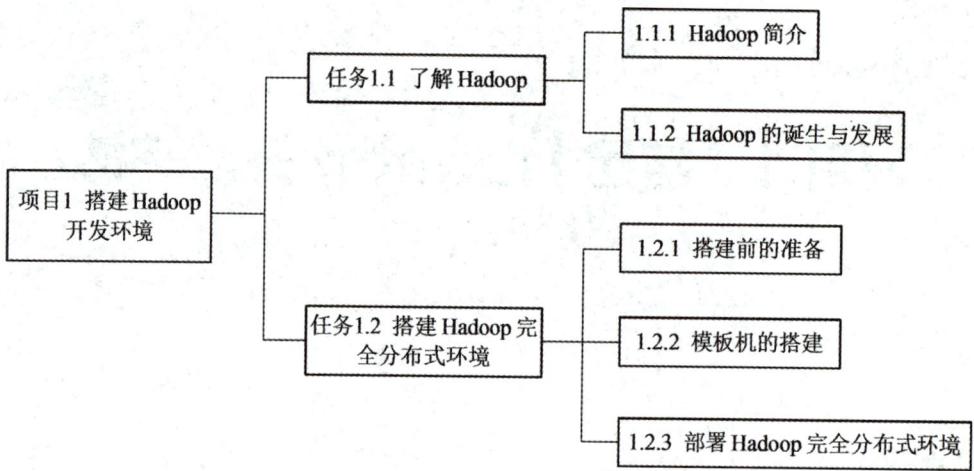

◆ 图 1-1　项目 1 知识图谱

任务 1.1　了解 Hadoop

任务描述

为了能够更深入地学习 Hadoop，我们必须了解 Hadoop 的作用、特点、诞生过程和发展现状。

1.1.1　Hadoop 简介

Hadoop 的全称是 Apache Hadoop，它是一个开源的软件框架，在设计阶段，它的目标是可以使用简单的编程模型跨计算机集群对大型数据集进行分布式处理。Hadoop 可以从单节点服务器扩展到数千个节点，每个节点都可以参与存储和计算。

Hadoop 具备以下特点：

(1) 分布式存储。Hadoop 可以在大量的廉价硬件上存储大规模数据，数据被分割成多个块并分布存储在集群的各个节点上，提供了高容错性和可靠性。

(2) 分布式计算。Hadoop 使用 MapReduce 编程模型进行分布式计算，将任务分解成小的子任务，然后在集群的各个节点上并行执行，加速数据处理。

(3) 容错性。Hadoop 具有高度的容错性，能够自动处理硬件故障。如果一个节点发生故障，则 Hadoop 会自动将其上的任务转移到其他节点上继续执行，确保任务的顺利完成。

(4) 可伸缩性。Hadoop 的集群容易扩展，通过简单地增加节点便可处理更大规模的数据和任务。

(5) 成本效益。Hadoop 可以在廉价的标准硬件上运行，相比于传统的大型服务器，成本大幅降低。

(6) 灵活性。Hadoop 可以处理结构化和非结构化数据，可以处理各种类型的数据，包括文本、图像、音频等。

(7) 高性能。由于 Hadoop 可以在集群的多个节点上并行处理任务，因此具有较高的性能，能够快速处理大规模数据。

(8) 生态系统丰富。Hadoop 生态系统包括 Hive、Pig、HBase、Spark 等多个组件，提供了丰富的功能和工具，方便用户进行数据处理和分析。

(9) 开源和可定制性。Hadoop 是开源的，用户可以根据自身需求定制和扩展 Hadoop 的功能。

1.1.2　Hadoop 的诞生与发展

2003 年，两位美国软件工程师道格·卡廷 (Doug Cutting) 和麦克·卡法雷拉 (Michael Cafarella) 计划开发一个开源的网络搜索引擎。他们的目标是能够处理数以亿计的网页，处理数据量要达到太字节 (TB) 甚至拍字节 (PB) 级别。在当时，处理这么大规模的数据量是非常有挑战性的，他们开发的进展也并不是很顺利。

但是接下来事情有了转机，谷歌 (Google) 公司在 2003 年和 2004 年分别发表了关于分布式文件系统 GFS 和处理超大规模数据编程模型 MapReduce 的论文。道格的团队从这些论文中得到了启发，他们实现了一个分布式文件系统和 MapReduce 编程模型雏形，已经能够运行在数十台服务器的集群上。2006 年，道格加入雅虎 (Yahoo) 公司，成立了 Hadoop 项目组，在雅虎团队的帮助下，让 Hadoop 成功运行在数以千计的处理器上，能够处理 PB 级别的数据。

为了让 Hadoop 能够得到更多支持和发展，雅虎团队把 Hadoop 项目捐赠给了 Apache 基金会。很多公司在使用 Hadoop 的过程中不断完善和围绕它开发出新的产品，使其逐渐演变成为一个大数据生态系统。

2017 年，Apache 基金会发布了 Hadoop3。截至 2023 年 6 月，Hadoop 的最新版本为 3.3.5，如图 1-2 所示。

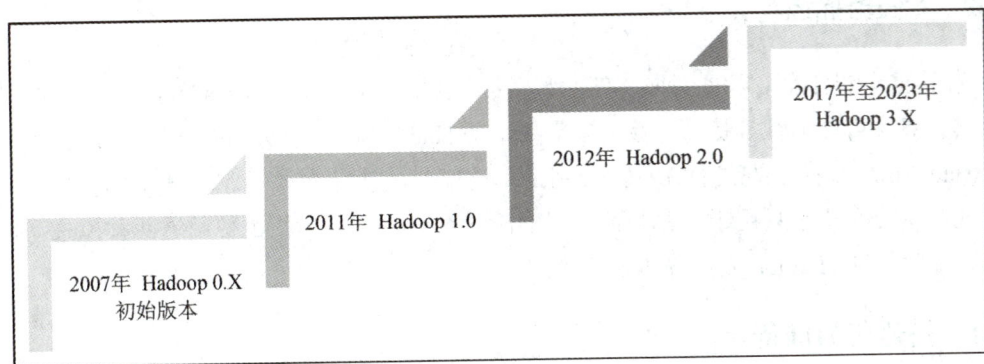

◆ 图 1-2　Hadoop 版本发展

由于 Hadoop3 相比于之前的版本加入了许多新的特性，明显提升了性能和存储效率，并且适配更多的流行工具和技术，因此本书均基于 Hadoop3 或以上版本进行介绍。

除了 Hadoop 的基础模块，如 HDFS(分布式文件系统)、YARN(资源调度框架)、MapReduce(分布式计算框架) 和基础功能库以外，围绕 Hadoop 生态开发的项目包括分布式存储数据库 HBase、分布式协调服务 ZooKeeper、数据分析引擎 Hive、数据采集工具 Flume 及数据迁移工具 Sqoop 等。Hadoop 开源生态如图 1-3 所示。

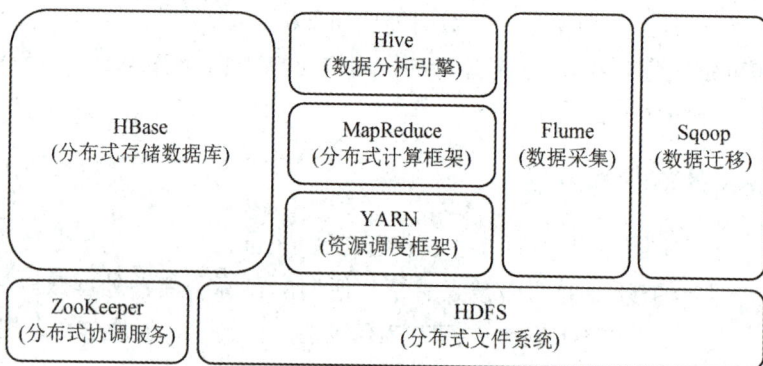

◆ 图 1-3　Hadoop 开源生态

Hadoop 发展到现在已经被许多企业广泛使用，包括国外的脸书 (Facebook)、雅虎 (Yahoo)、推特 (Twitter)，国内的腾讯、华为、百度及阿里巴巴等企业。淘宝和支付宝从 2009 年开始使用 Hadoop 进行海量日志的离线分析。百度从 2008 年开始使用 Hadoop 作为其离线数据分析平台，其最大集群接近 4000 个节点，每日处理数据超过 20 PB。

任务 1.2　搭建 Hadoop 完全分布式环境

任务描述

为了能够更贴近实际的企业生产环境，同时也能更充分地体验 Hadoop 的分布式存储、分布式计算及可伸缩性等特点，接下来需要了解 Hadoop 的完全分布式环境搭建。

Hadoop 环境搭建方式有 3 种，分别是本地模式、伪分布式和完全分布式。其中，本地模式和伪分布式都只用于调试和体验，实际的企业生产环境极少使用这两种模式。接下来学习如何搭建 Hadoop 完全分布式环境。

1.2.1　搭建前的准备

Hadoop 完全分布式环境一共需要部署 3 个服务器节点，但是由于这 3 个节点有相同的基础系统部分，因此我们把这些部分制作成模板机，通过虚拟化技术，把模板机复制出3 个节点，再进行个别的配置。

要实现部署，需要准备好以下软件和文件：

(1) VirtualBox，下载地址为 https://www.virtualbox.org/wiki/Downloads。

(2) CentOS 系统安装镜像 CentOS-7-x86_64-DVD-2009.iso，下载地址为 https://www.centos.org/centos-linux/。

(3) Hadoop 3.3 安装包，下载地址为 https://hadoop.apache.org/releases.html。

(4) SSH 客户端 FinalShell，下载地址为 https://www.hostbuf.com/t/988.html。

(5) Linux 平台的 JDK8(jdk-8u291-linux-x64.tar.gz)，下载地址为 https://www.oracle.com/cn/java/technologies/javase/javase8u211-later-archive-downloads.html。

1.2.2　模板机的搭建

下载完成所有软件和需要的文件后，接下来开始 Hadoop 模板机的搭建。

(1) 安装 VirtualBox。安装完成后的运行界面如图 1-4 所示。

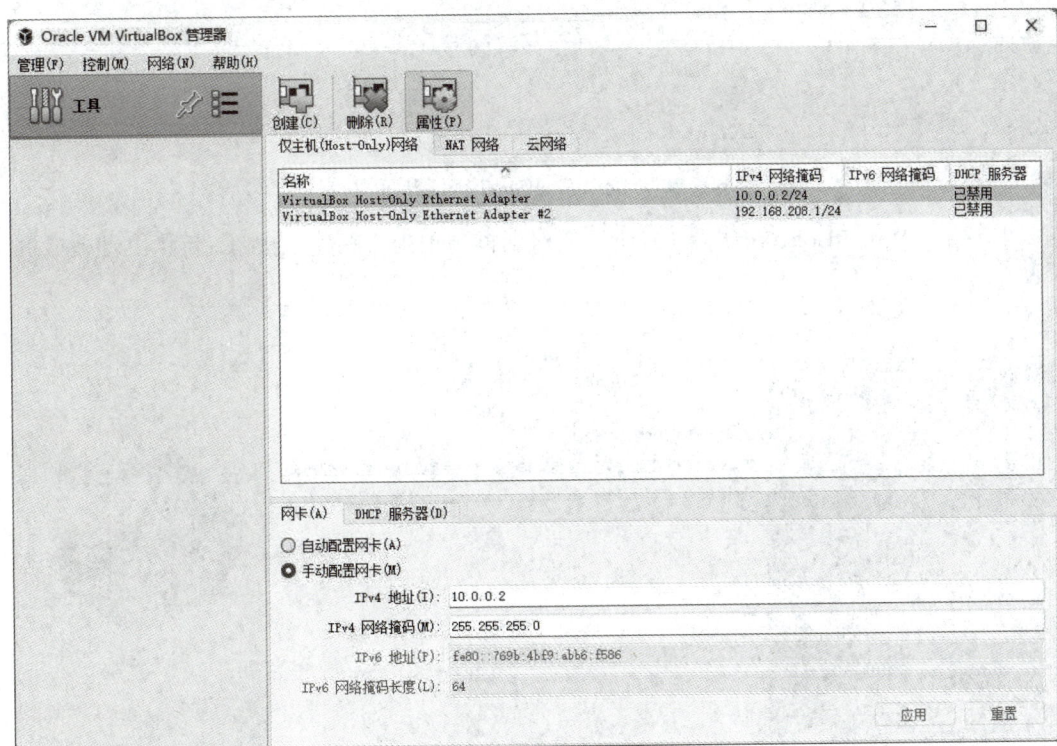

◆ 图 1-4　VirtualBox 运行界面

(2) 安装 FinalShell。安装完成后的运行界面如图 1-5 所示。

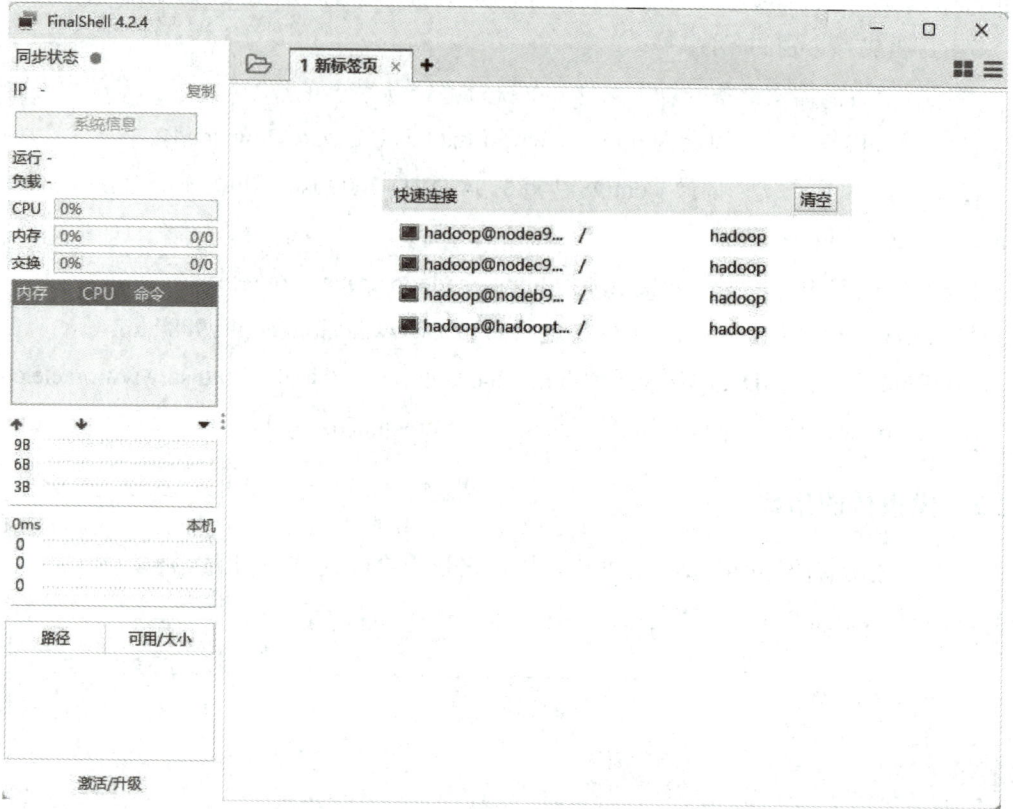

◆ 图 1-5　FinalShell 运行界面

(3) 启动 VirtualBox，在如图 1-6 所示的对话框中单击"新建"按钮，新建 1 台虚拟机。

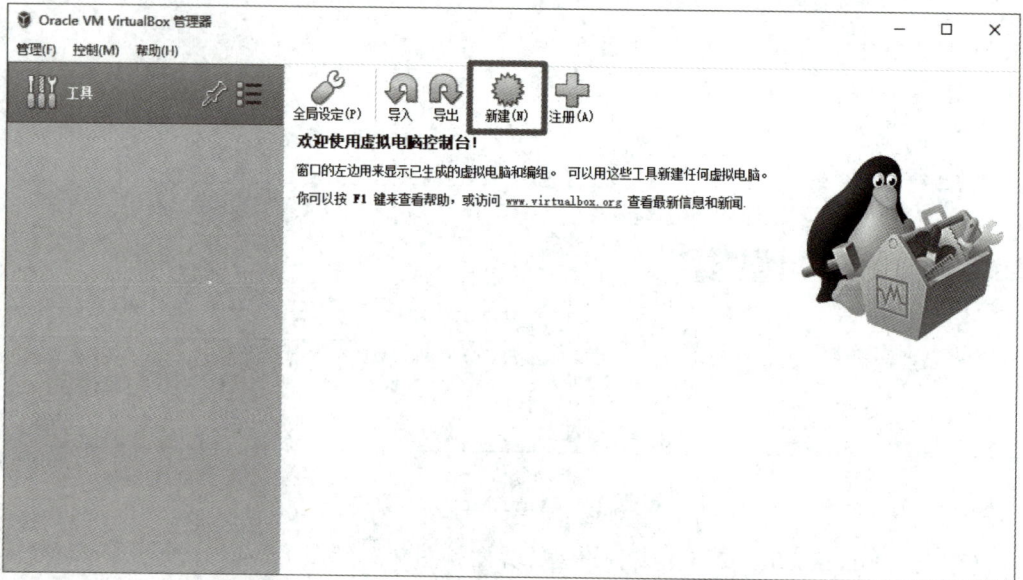

◆ 图 1-6　启动 VirtualBox

(4) 在如图 1-7 所示对话框的"名称"中输入"HadoopTmpl","类型"选择为"Linux","版本"选择为"Red Hat(64-bit)",然后单击"下一步"按钮。

(5) 在如图 1-8 所示的对话框中将虚拟内存大小设置为 1024 MB,然后单击"下一步"按钮。

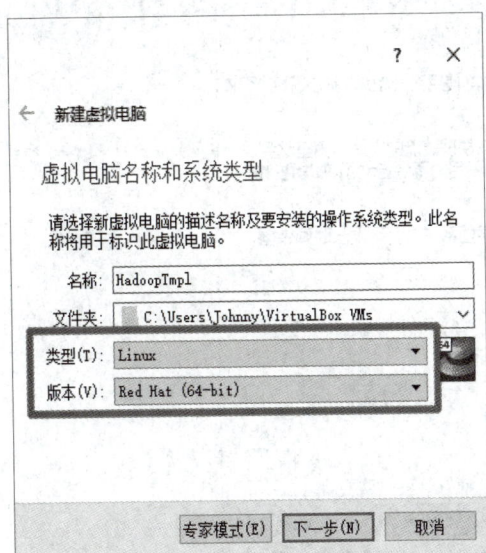

◆ 图 1-7 虚拟电脑名称和系统类型设置

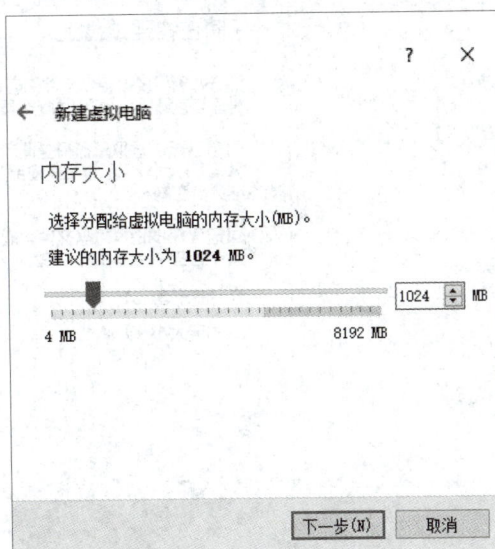

◆ 图 1-8 内存大小设置

(6) 在如图 1-9 所示的对话框中选择"现在创建虚拟硬盘",然后单击"创建"按钮。

(7) 在如图 1-10 所示的对话框中选择"VDI(VirtualBox 磁盘映像)",然后单击"下一步"按钮。

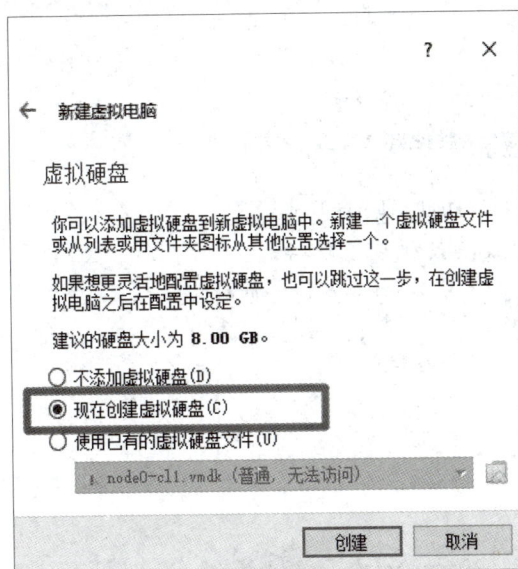

◆ 图 1-9 创建虚拟硬盘

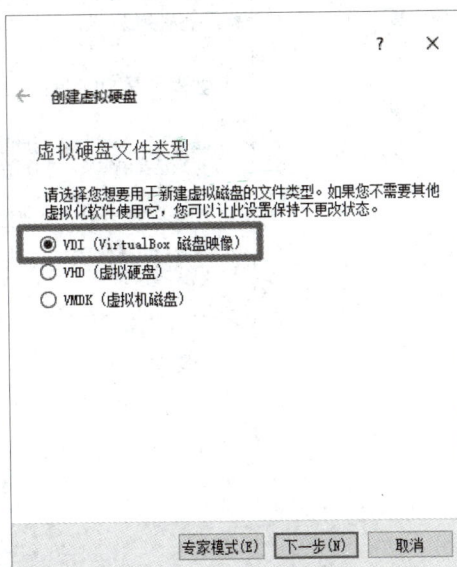

◆ 图 1-10 选择虚拟硬盘文件类型

(8) 在如图 1-11 所示的对话框中选择"动态分配 (D)",然后单击"下一步"按钮。

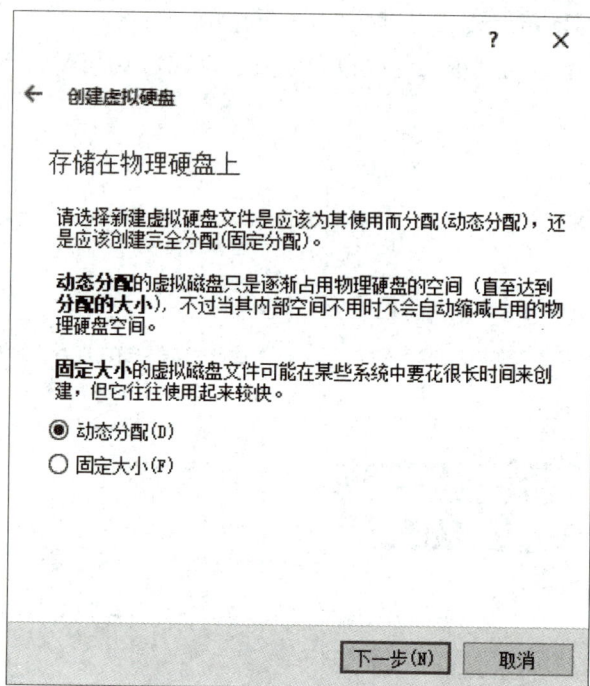

◆ 图 1-11 选择虚拟硬盘分配类型

(9) 设置虚拟硬盘的文件位置和大小,在硬盘的极限大小处输入"30.00 GB",然后单击"创建"按钮,如图 1-12 所示。

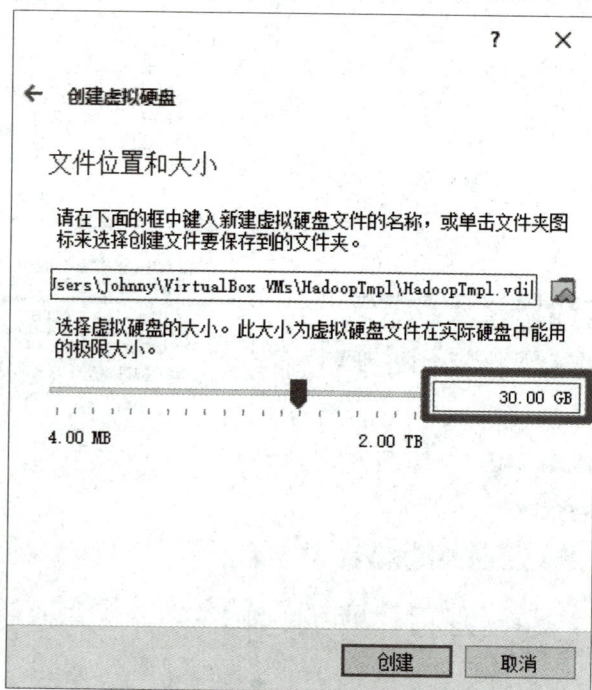

◆ 图 1-12 设置虚拟硬盘大小

(10) 在如图 1-13 所示对话框的左侧窗口选中刚刚创建的虚拟机，然后单击"设置"按钮。

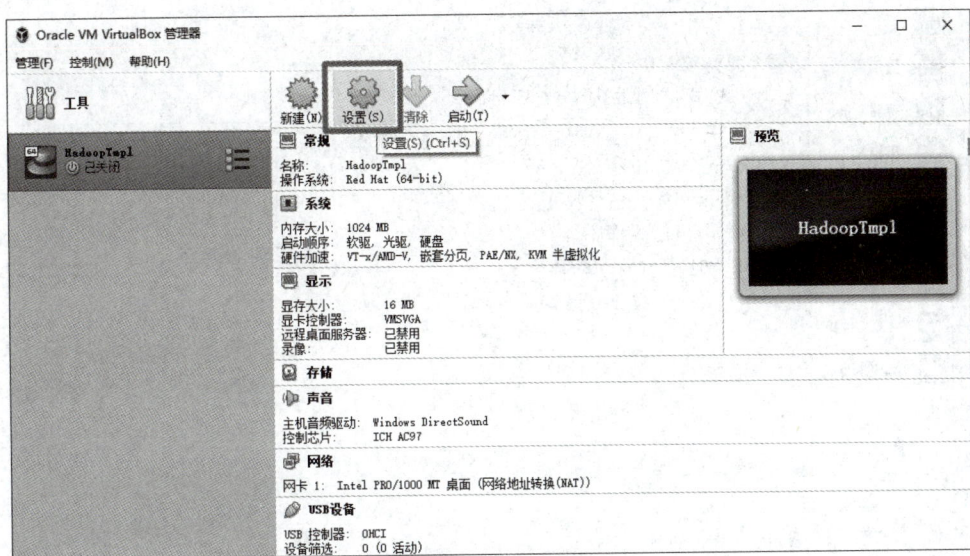

◆ 图 1-13 设置虚拟机

(11) 在如图 1-14 所示的对话框左侧选择"存储"，然后选择加载之前下载的 CentOS 的安装镜像，再单击"OK"按钮。

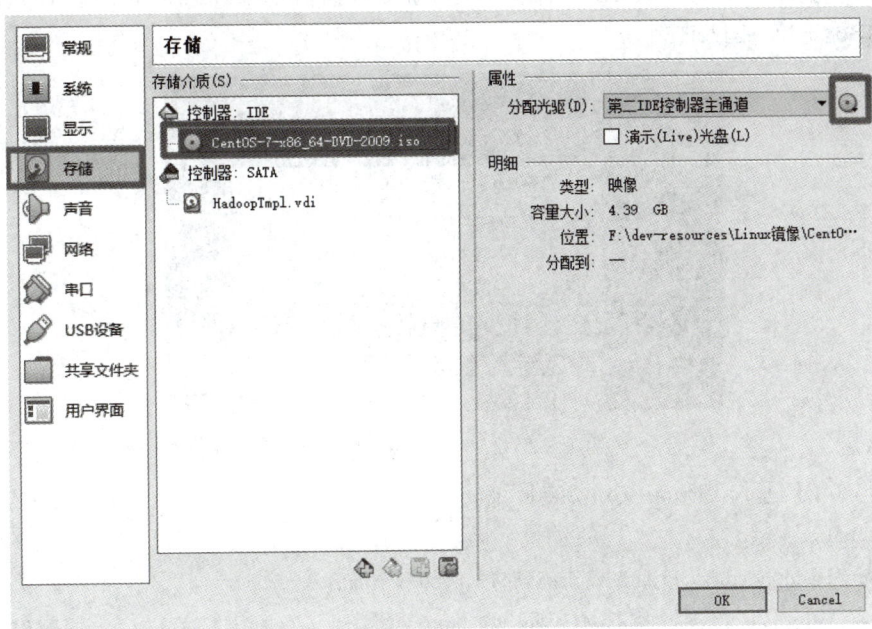

◆ 图 1-14 加载 CentOS 的安装镜像

(12) 在如图 1-15 所示的对话框中，将"连接方式"选择为"仅主机 (Host-Only) 网络"，"名称"选择为"VirtualBox Host-Only Ethernet Adapter"。

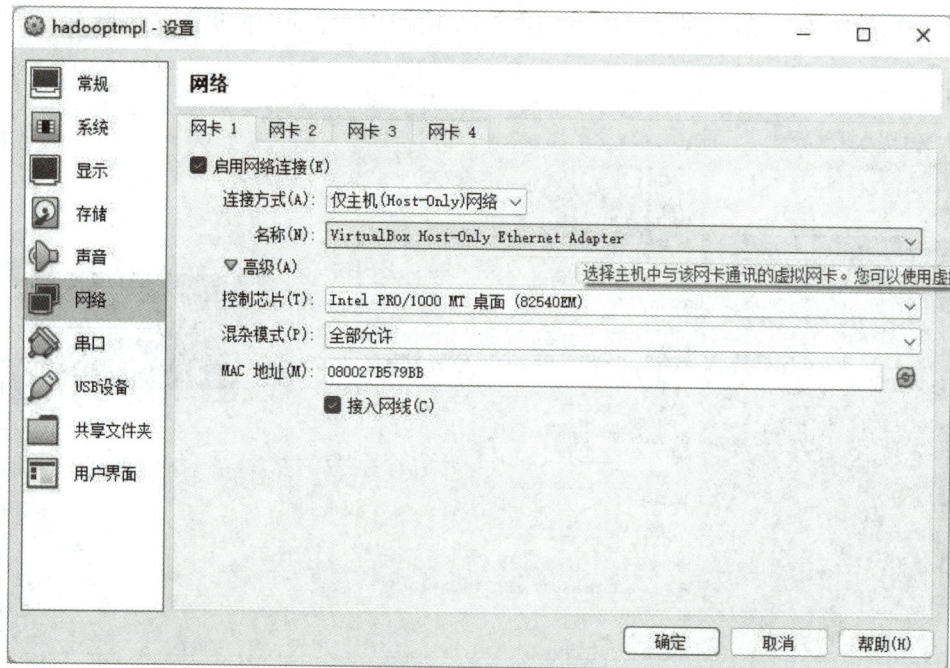

◆ 图 1-15　设置网络连接

(13) 右键单击桌面上的"VirtualBox"快捷方式，在弹出的快捷菜单中选择"打开文件所在的位置"，找到 VirtualBox 的安装路径，如图 1-16 所示。以 D:/"Program Files (x86)"/Oracle/VirtualBox 路径为例，进入 Windows 的命令行窗口，按照代码 1-1 所示的命令，进入 VirtualBox 的安装目录。

◆ 图 1-16　打开 VirtualBox 安装目录

【代码 1-1】进入 VirtualBox 安装目录。

```
C:\Users\Hadoop>d:

C:\Users\Hadoop>cd D:/"Program Files (x86)"/Oracle/VirtualBox
```

(14) 在 Window 命令行执行如代码 1-2 所示的命令，设置虚拟机与宿主机时间同步。

【代码 1-2】设置虚拟机与宿主机时间同步。

```
D:\Program Files (x86)\Oracle\VirtualBox>VBoxManage setextradata "HadoopTmpl"

"VBoxInternal/Devices/VMMDev/0/Config/GetHostTimeDisabled" "0"
```

(15) 选中"HadoopTmpl"虚拟机，单击"启动"按钮，如图 1-17 所示。

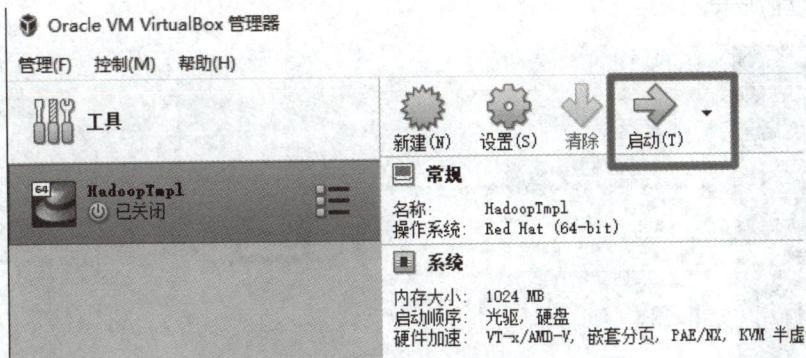

◆ 图 1-17　启动虚拟机

(16) 选择"Install CentOS 7"，进行 CentOS 的安装，如图 1-18 所示。

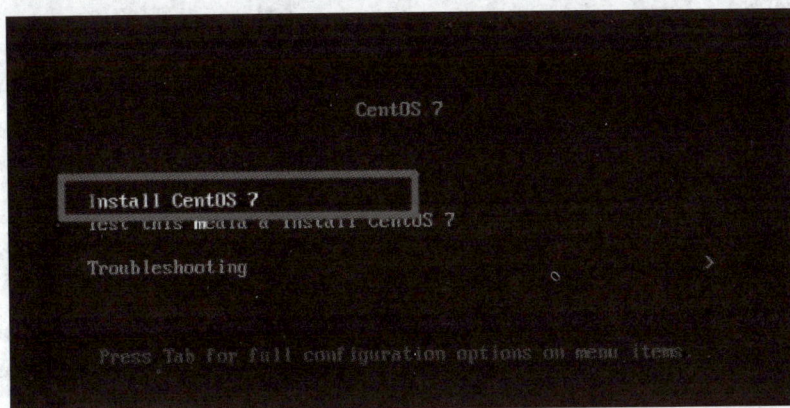

◆ 图 1-18　安装 CentOS

(17) CentOS 安装语言选择默认的英语，如图 1-19 所示。

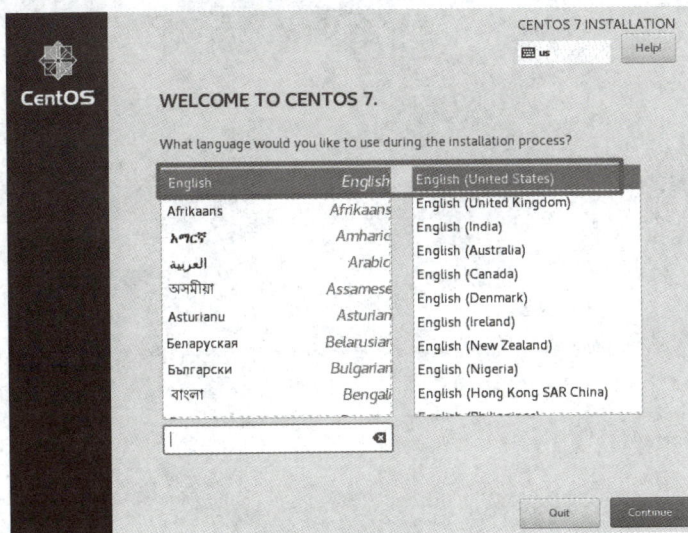

◆ 图 1-19　选择 CentOS 安装语言

(18) CentOS 时区选择东 8 区，注意调整时间为当前安装的实际时间，具体操作如图 1-20 和图 1-21 所示。

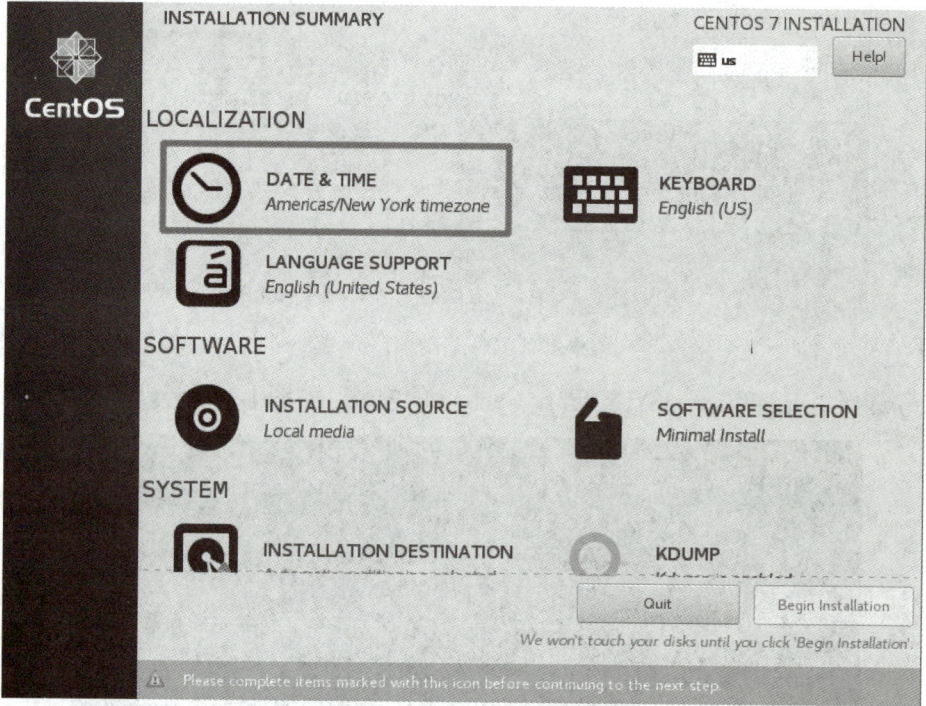

◆ 图 1-20　设置 CentOS 日期时间

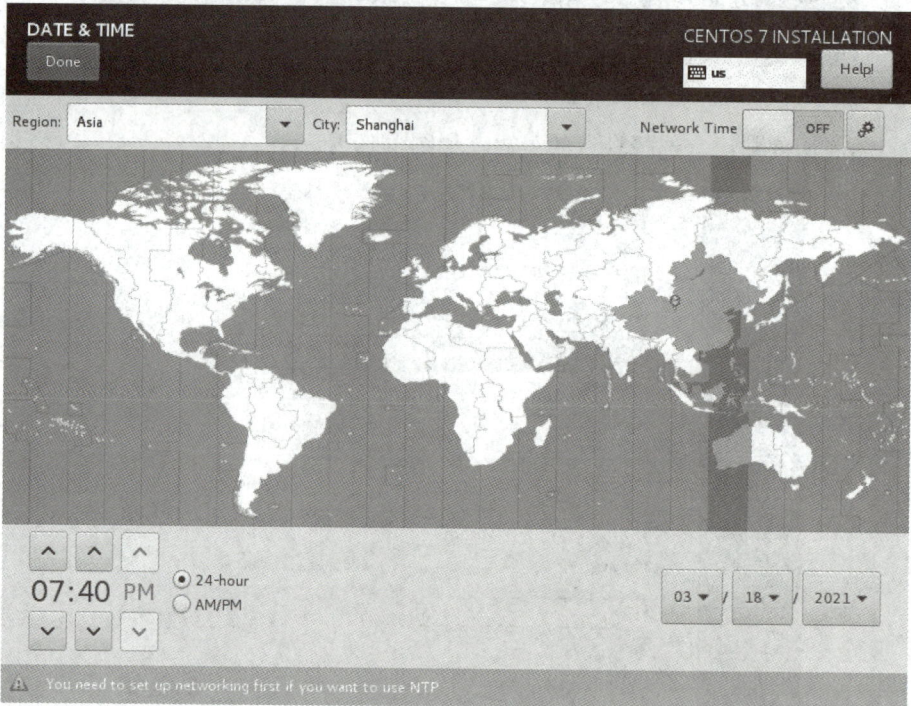

◆ 图 1-21　选择时区

(19) 语言支持选择简体中文，具体操作如图 1-22 和图 1-23 所示。

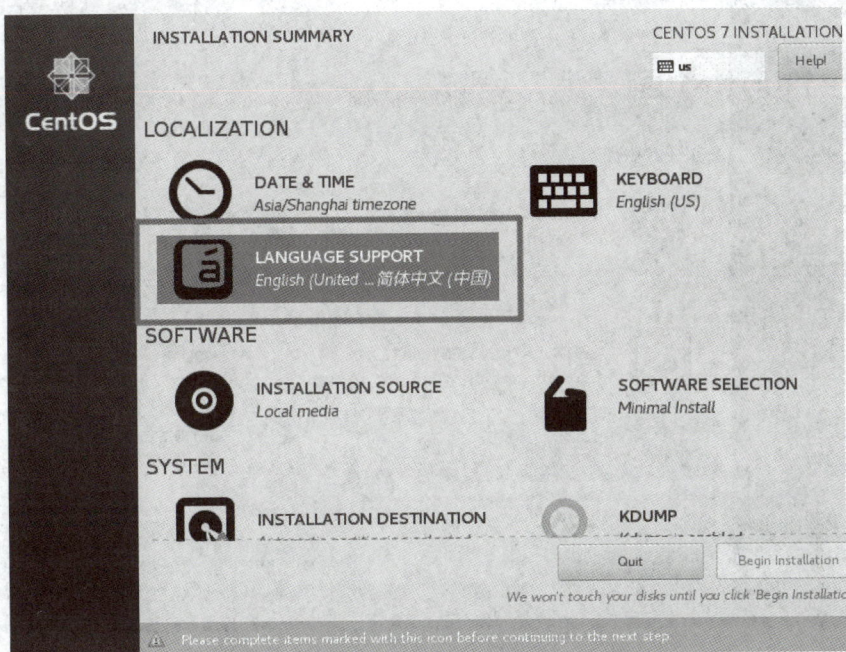

◆ 图 1-22　语言支持

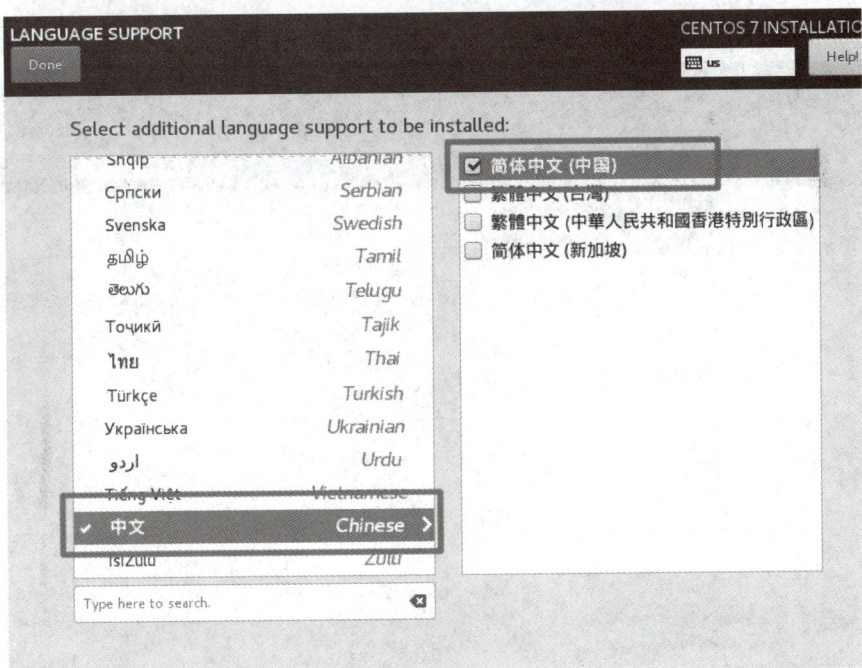

◆ 图 1-23　安装简体中文

(20) 设置网络和主机名，设置网口状态为打开，并设置"Host name"为"hadooptmpl"，如图 1-24 和图 1-25 所示。

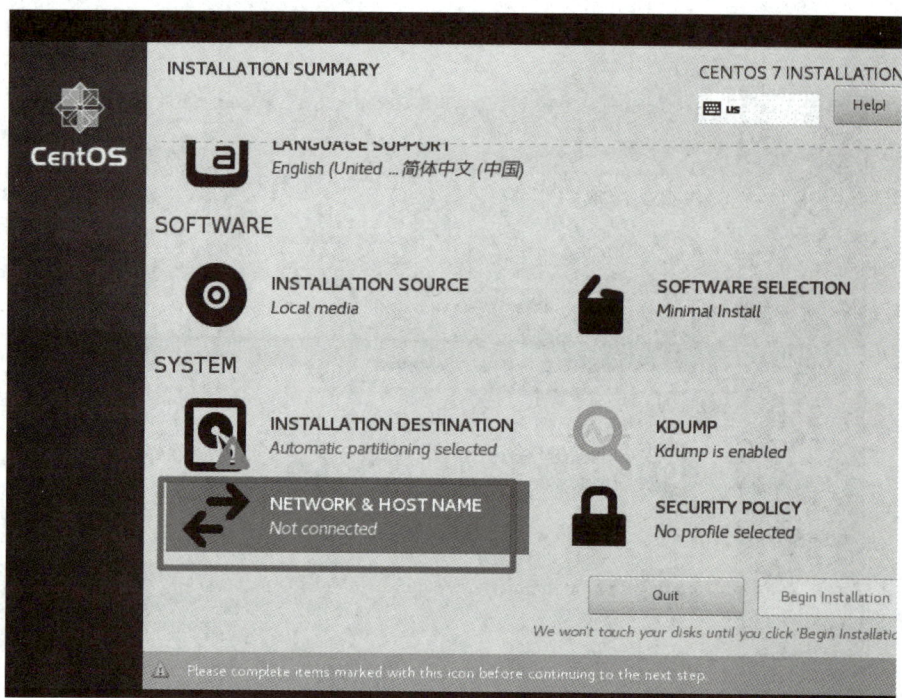

◆ 图 1-24　设置网络和主机名

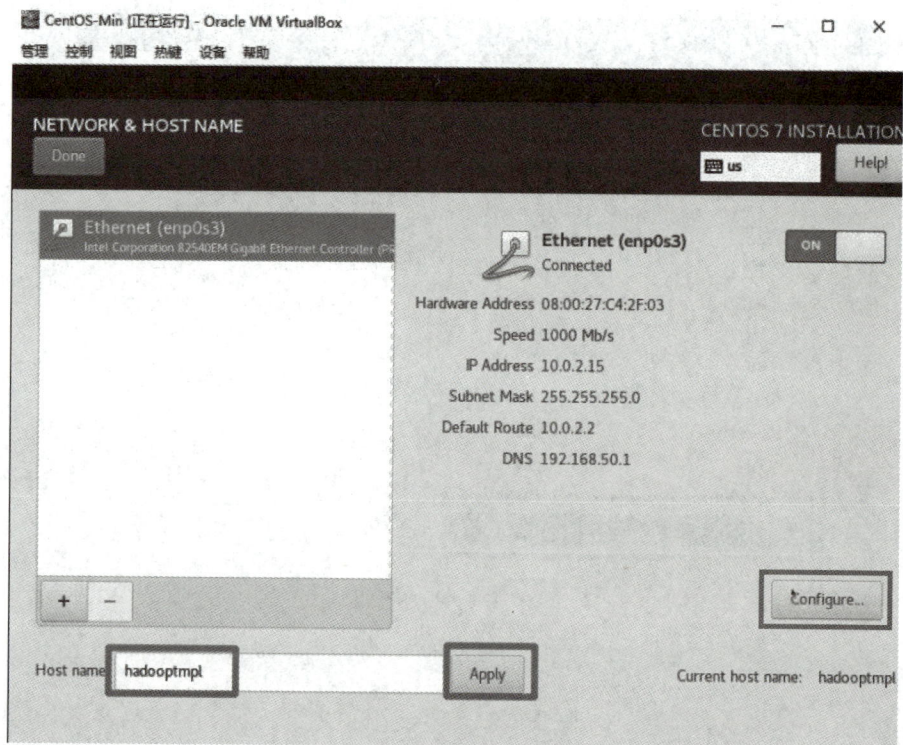

◆ 图 1-25　设置 Host name

(21) 单击图 1-25 中的 "Configure" 按钮，按照表 1-1 设置网口信息，如图 1-26 所示。

表 1-1　网口设置信息

设置项	值
IP 地址	10.0.0.70
掩码	255.255.255.0
网关	10.0.0.254
DNS	223.5.5.5

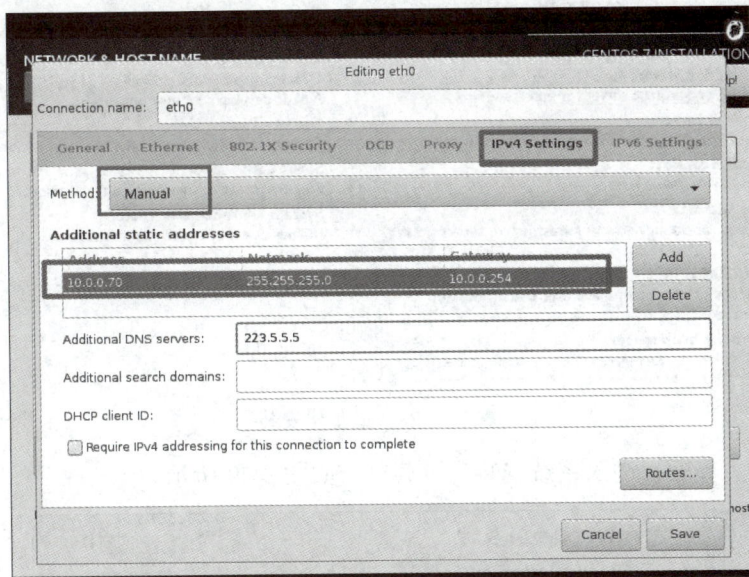

◆ 图 1-26　设置网口信息

(22) 回到主界面，进入软件选择界面，选择最小化安装"Minima Install"，具体操作如图 1-27 和图 1-28 所示。

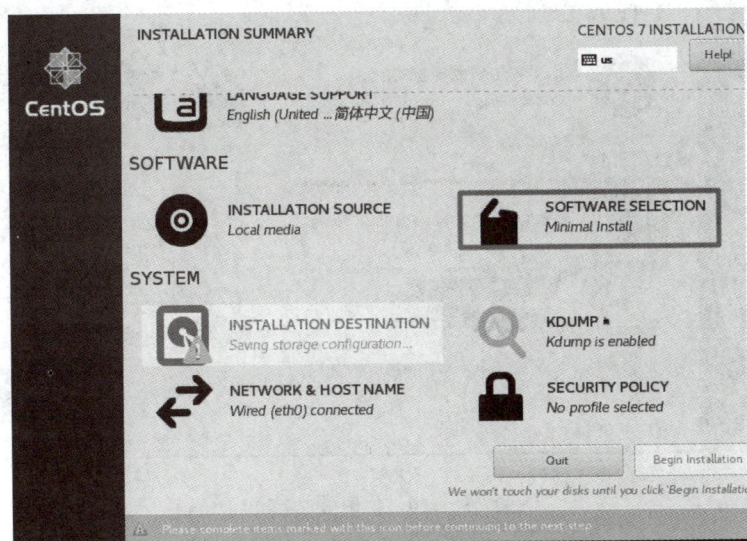

◆ 图 1-27　软件选择

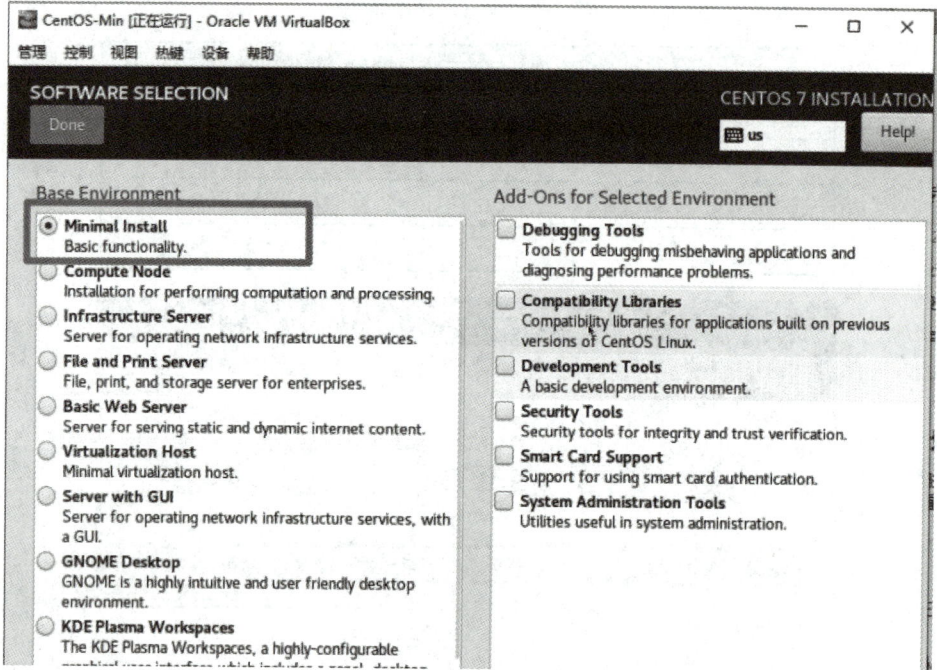

◆ 图 1-28　最小化安装

(23) 回到主界面，进入系统安装位置菜单，如图 1-29 所示。

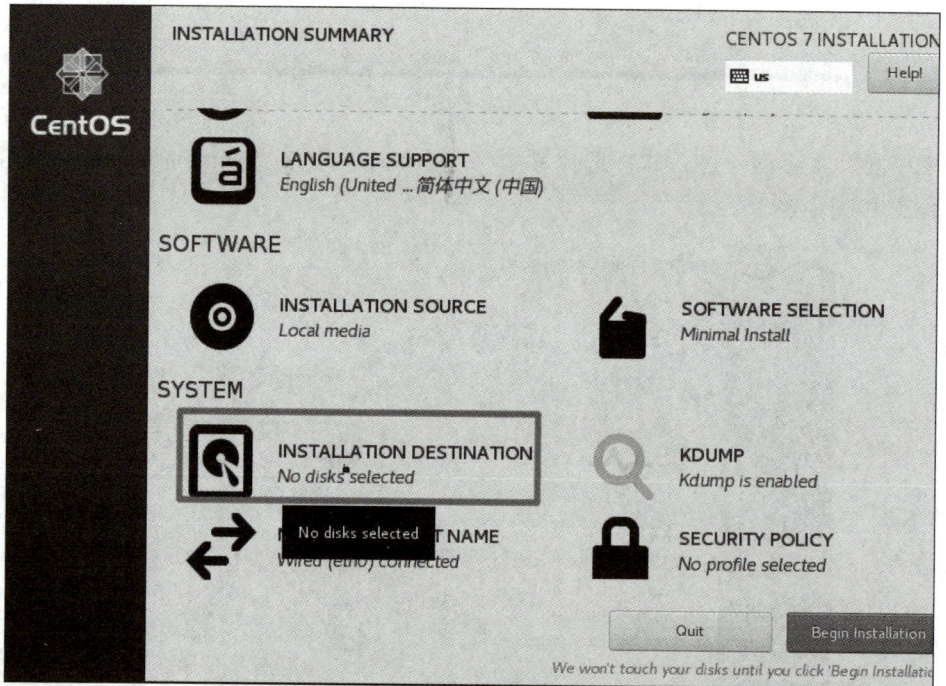

◆ 图 1-29　位置安装菜单

(24) 选中硬盘以后，选择 "I will configure partitioning"，如图 1-30 所示。

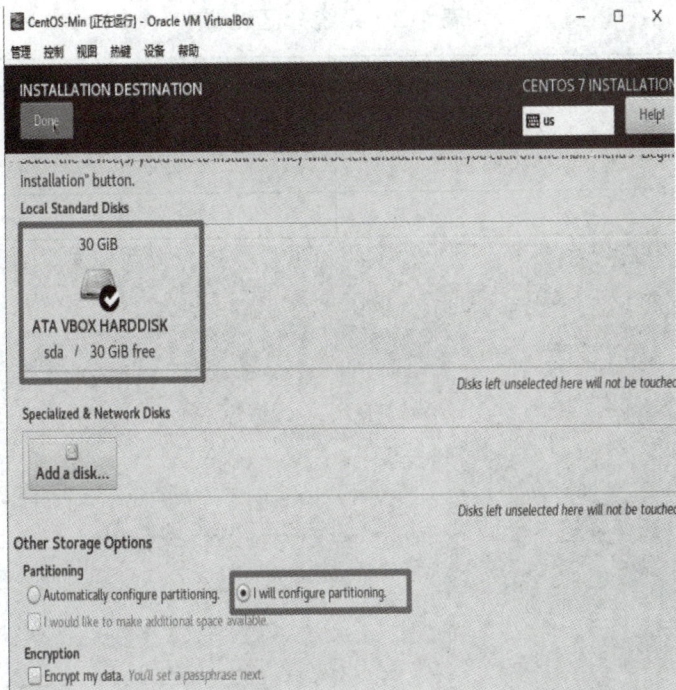

◆ 图 1-30　手动分区

(25) 选择"Standard Partition"（标准分区）格式，如图 1-31 所示。

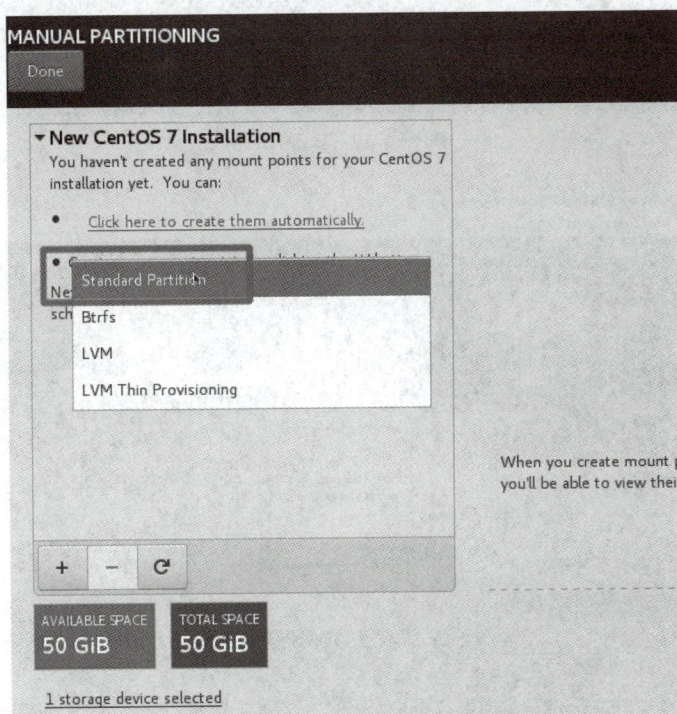

◆ 图 1-31　标准分区

(26) 按照表 1-2 新建 3 个分区 (Partition)，具体分区设置步骤如图 1-32 ～图 1-35 所示。

表 1-2 系统分区设置

分区挂载点	容量
swap	2048 MB
/boot	300 MB
/	剩余所有空间

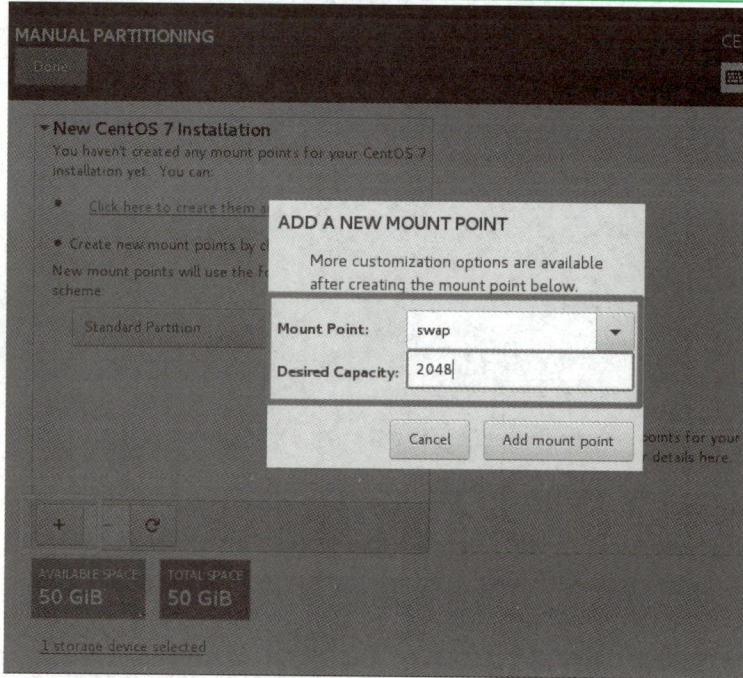

◆ 图 1-32 swap 分区

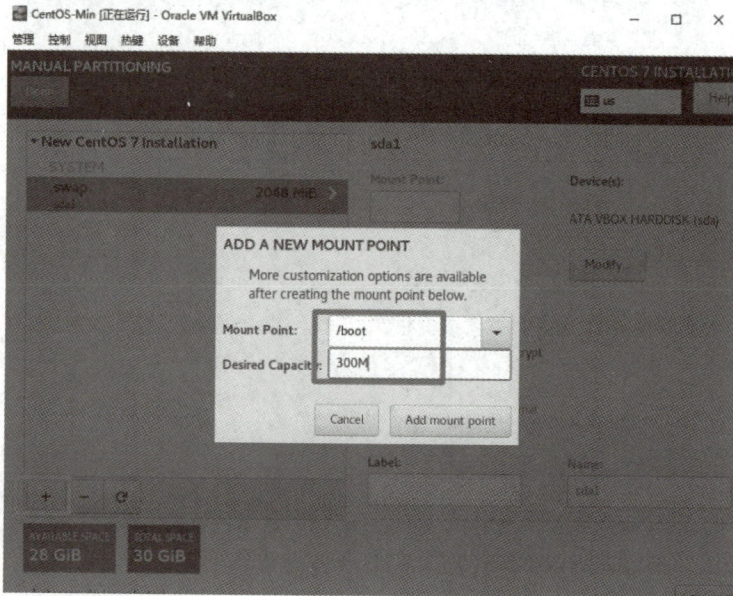

◆ 图 1-33 /boot 分区

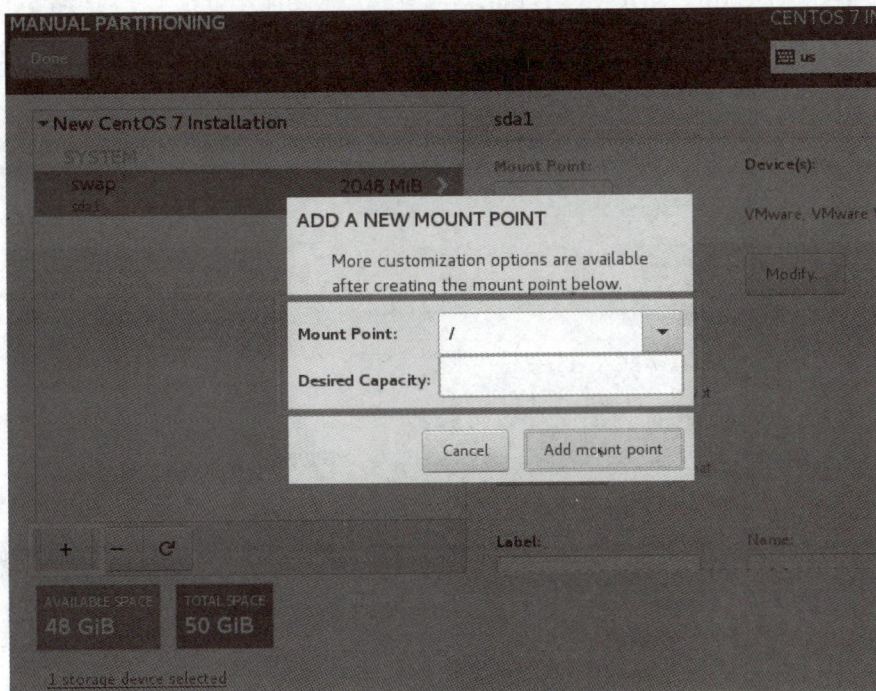

◆ 图 1-34　/(根) 分区

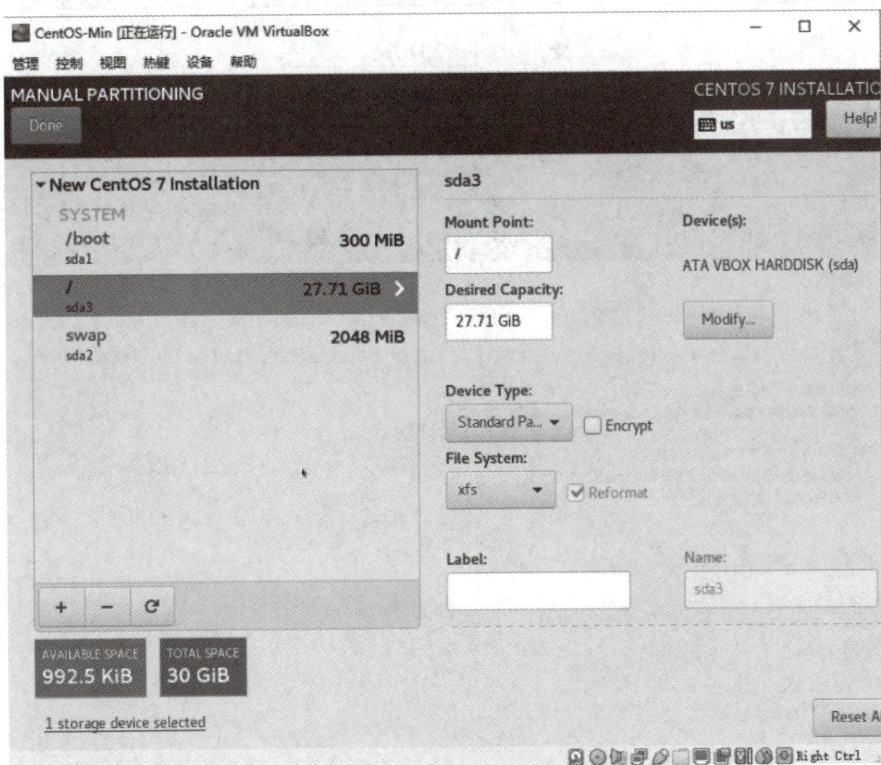

◆ 图 1-35　分区总览

(27) 禁用 KDUMP。KDUMP 是 Linux 内核的一个功能，可在发生内核错误时创建核心转储。当 KDUMP 被触发时，会导出一个内存映像到磁盘上，该映像可用于调试和确定内核崩溃的原因。KDUMP 禁用的具体操作如图 1-36 和图 1-37 所示。

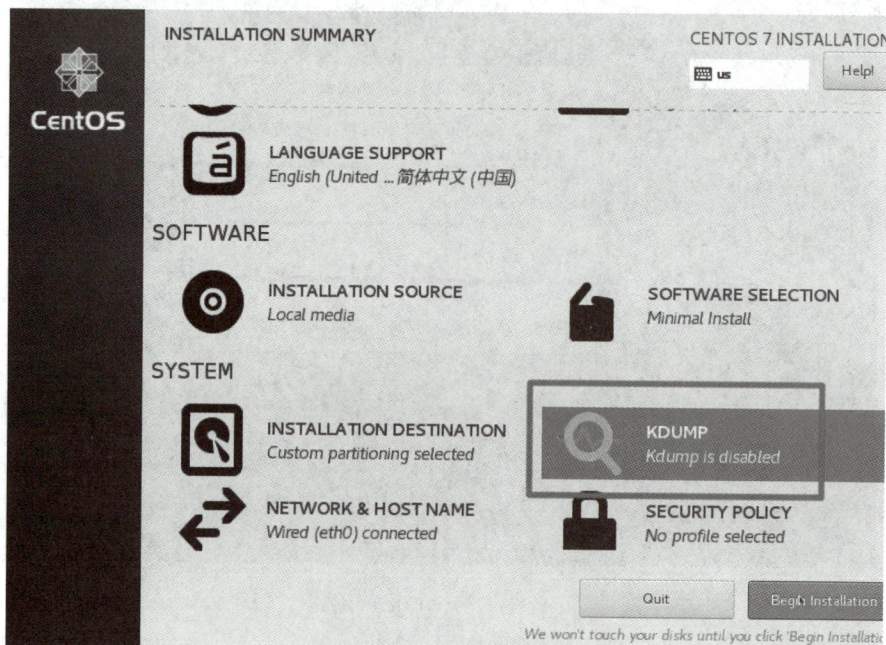

◆ 图 1-36　KDUMP 设置

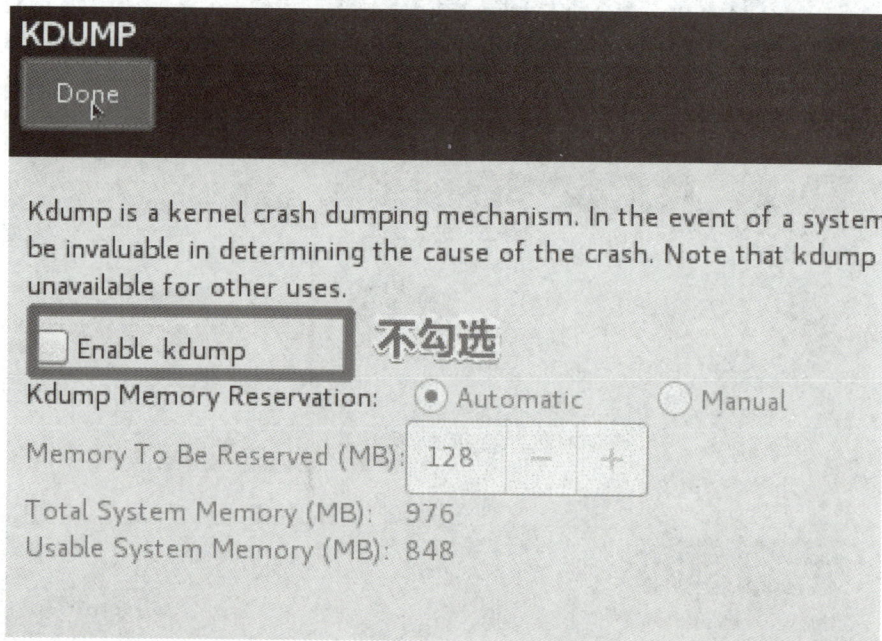

◆ 图 1-37　禁用 KDUMP

（28）单击"Begin Installation"，开始安装系统，如图 1-38 所示。

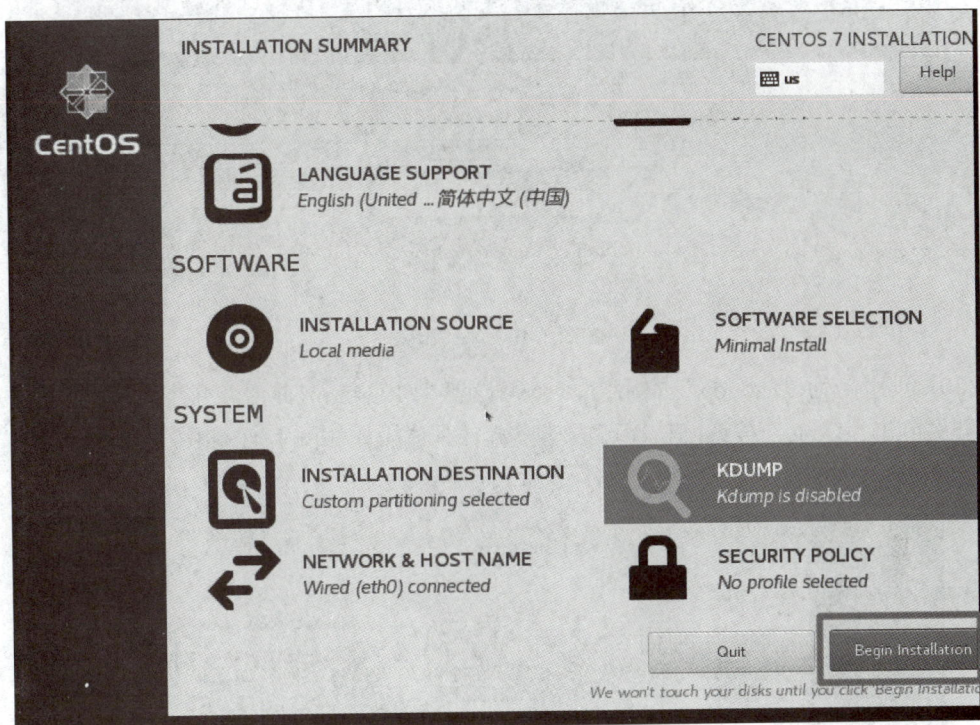

◆ 图 1-38　开始安装系统

（29）设置 root 密码。密码设置为 123456（这里设置的密码较为简单，仅为简化实验操作，在工作环境中切勿使用过于简单的密码），此时可能会提示密码过短，但是再次单击"Done"按钮确认即可成功设置，具体操作如图 1-39 和图 1-40 所示。

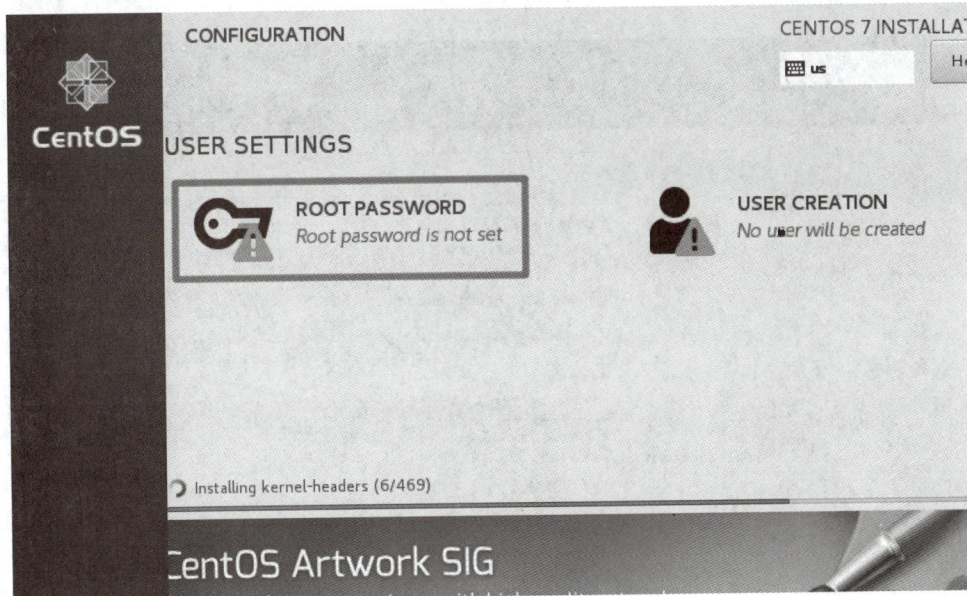

◆ 图 1-39　root 密码设置

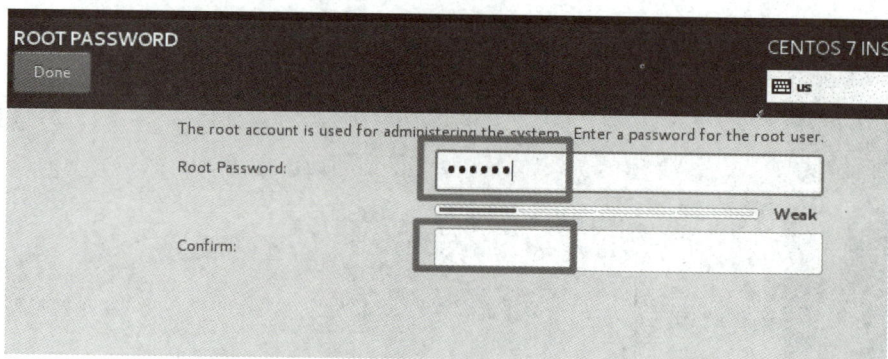

◆ 图 1-40　密码输入

(30) 创建名为"hadoop"的用户，密码设置为 123456，此时可能会提示密码过短，但是再次单击"Done"按钮确认即可成功设置，具体操作如图 1-41 和图 1-42 所示。

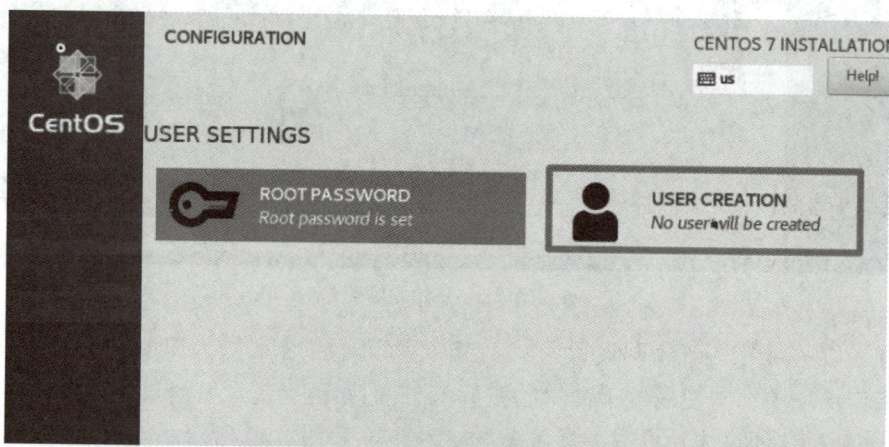

◆ 图 1-41　创建用户

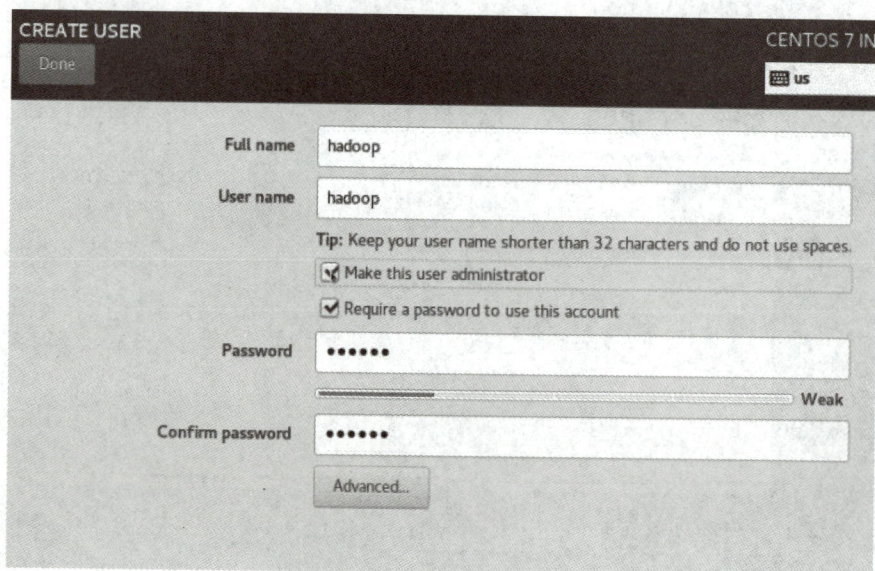

◆ 图 1-42　创建"hadoop"用户

(31) 等待系统安装完毕以后，单击"Reboot"按钮重启系统，如图 1-43 所示。

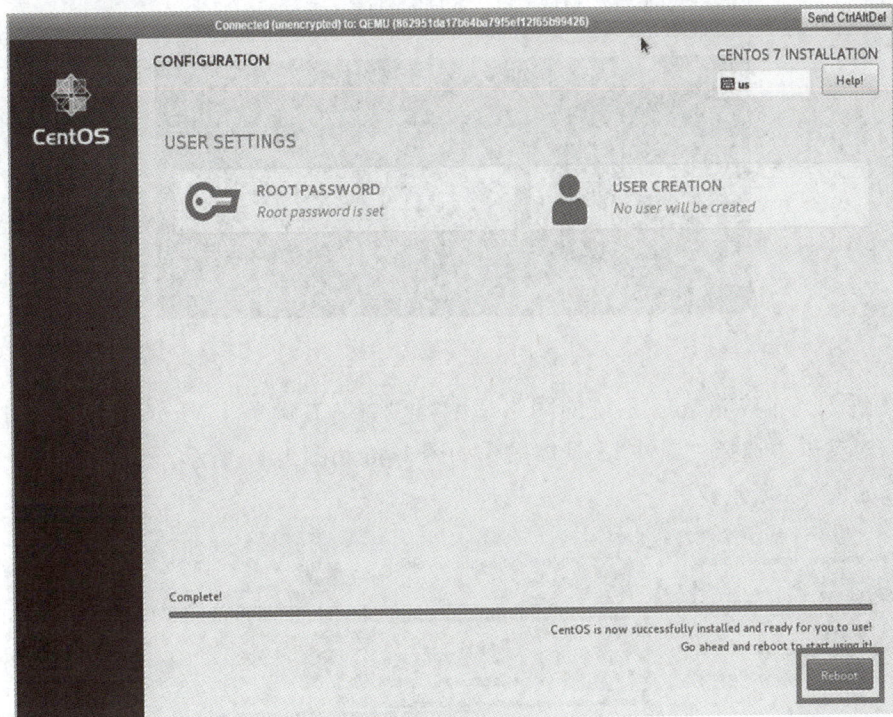

◆ 图 1-43　单击"Reboot"按钮

(32) 重启以后，使用用户名 hadoop、密码 123456 账户登录，具体操作如图 1-44 和图 1-45 所示。

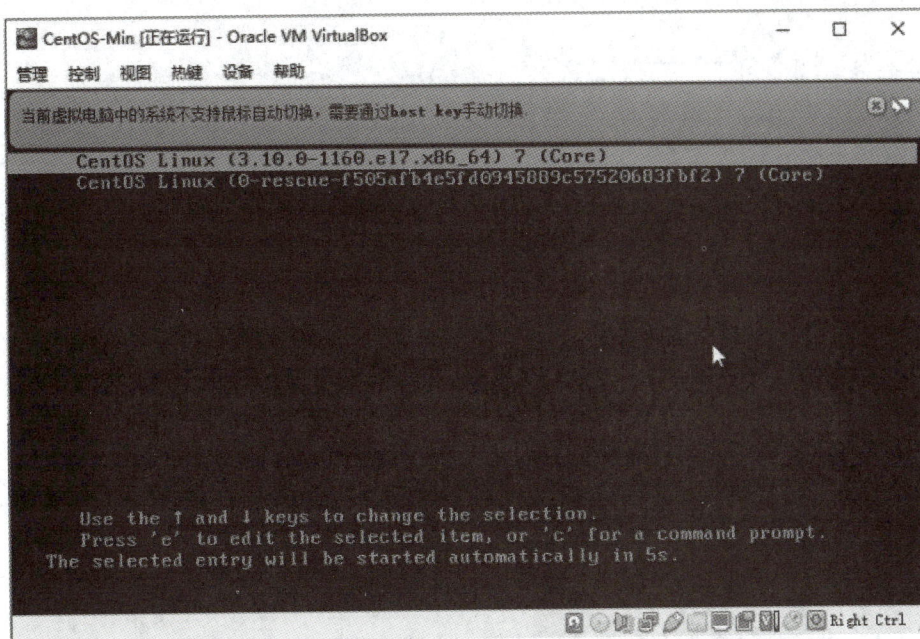

◆ 图 1-44　进入系统

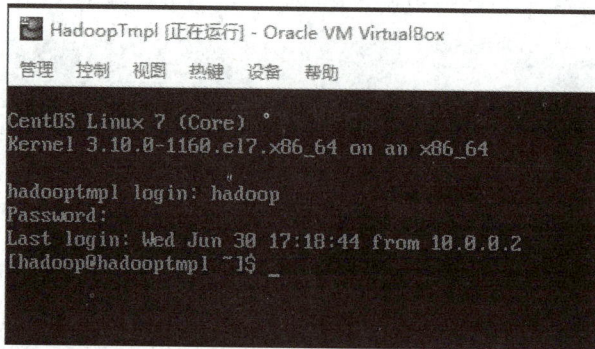

◆ 图 1-45　登录系统

(33) 进入当前 Windows 系统的网络适配器设置，右键单击 VirtualBox 的虚拟网卡，在弹出的对话框中选择"属性"，具体操作如图 1-46 和图 1-47 所示。修改 IP 地址，具体设置内容如表 1-3 所示。

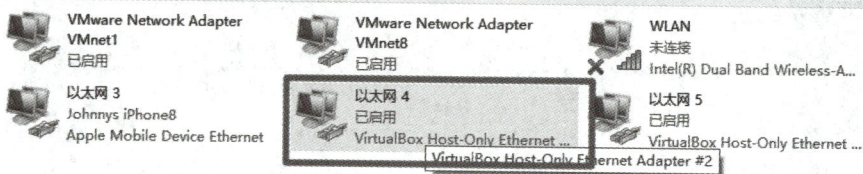

◆ 图 1-46　修改虚拟网卡配置

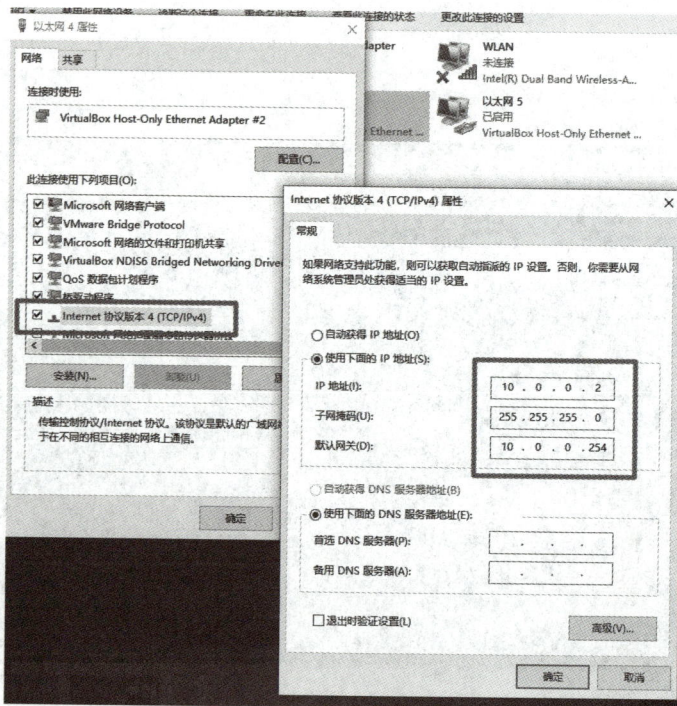

◆ 图 1-47　网卡具体设置

表 1-3　虚拟网络适配器设置

设置项	设置内容
IP 地址	10.0.0.2
子网掩码	255.255.255.0
默认网关	10.0.0.254

(34) 打开 FinalShell，让用户 hadoop 以 SSH 方式登录虚拟机，具体操作如图 1-48～图 1-50 所示。

◆图1-48　FinalShell 新建 SSH 连接

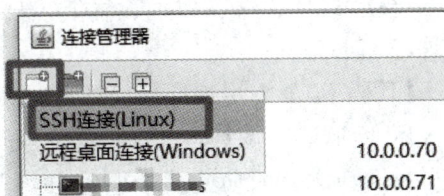

◆图1-49　新建 SSH 连接

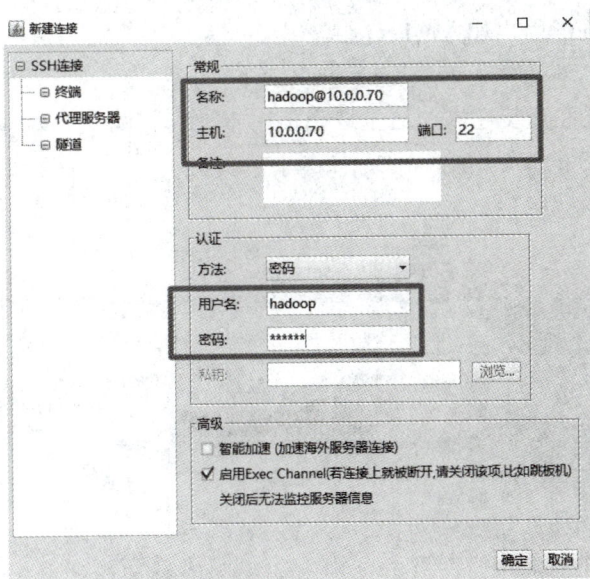

◆ 图 1-50　连接配置

(35) 使用代码 1-3 的 su 命令，输入 root 的密码 **123456**，切换为 root 用户。

【代码 1-3】切换为 root 用户。

```
[hadoop@hadooptmpl ~]$ su
```

(36) 执行代码 1-4 所示的命令，禁用防火墙。

【代码 1-4】禁用防火墙。

```
[root@hadooptmpl hadoop]# systemctl stop firewalld
[root@hadooptmpl hadoop]# systemctl disable firewalld
```

(37) 运行代码 1-5 所示的命令，备份 SELinux 配置文件，并禁用 SELinux。此为实验安装，为了尽量方便访问 Hadoop 的服务，选择关闭防火墙和 SELinux。真实生产部署 Hadoop 不应该禁用防火墙和 SELinux，它们对于系统的安全性是至关重要的。

【代码 1-5】备份并编辑 SELinux 配置文件。

```
[root@hadooptmpl hadoop]# cp /etc/selinux/config{,.bak}
[root@hadooptmpl hadoop]# vi /etc/selinux/config
```

在文件中修改 SELINUX 项来禁用 SELINUX，具体修改内容如代码 1-6 所示。

【代码 1-6】禁用 SELINUX。

```
SELINUX=disabled
```

(38) 运行代码 1-7 所示的命令，关闭图形化 NetworkManager，以后统一用 network 来管理。

【代码 1-7】关闭 NetworkManager。

```
[root@hadooptmpl hadoop]# systemctl stop NetworkManager.service
[root@hadooptmpl hadoop]# systemctl disable NetworkManager.service
```

(39) 运行代码 1-8 所示的命令，把 hadoop 用户加入到 wheel 组里面。CentOS 下把用户加入 wheel 组可以让该用户通过 sudo 来运行高权限的命令。

【代码 1-8】hadoop 用户加入 wheel 组。

```
[root@hadooptmpl hadoop]# usermod -aG wheel hadoop
```

(40) 为了提升软件安装速度，这里选择使用本地安装镜像作为 yum 的源。首先确保虚拟机加载了 CentOS 的安装光盘镜像，如图 1-51 所示。

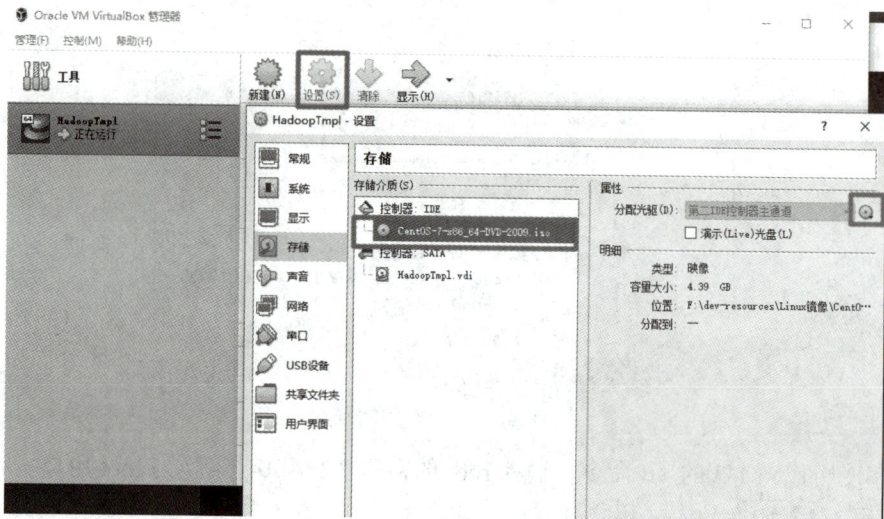

◆ 图 1-51　加载光盘镜像

(41) 调整硬盘为启动的第一顺位，如图 1-52 所示。

(42) 运行代码 1-9 所示的命令，解挂目录 /mnt，准备把光盘挂载到此目录。

【代码 1-9】解挂 /mnt。

```
[root@hadooptmpl hadoop]# umount /mnt
```

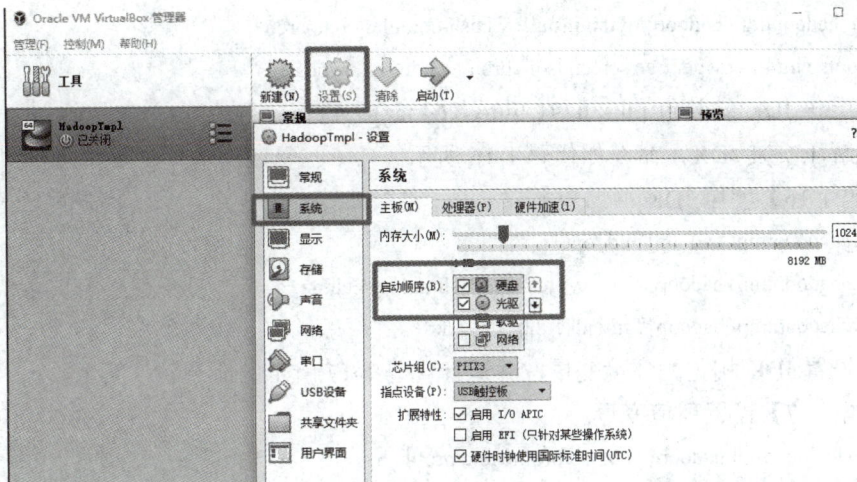

◆ 图 1-52　调整启动顺位

(43) 进入源目录，把原有源备份到 bak 目录下，命令如代码 1-10 所示。

【代码 1-10】转移原有源配置文件。

[root@hadooptmpl hadoop]# cd /etc/yum.repos.d/

[root@hadooptmpl hadoop]# mkdir bak -p

[root@hadooptmpl hadoop]# mv *.repo bak

(44) 运行代码 1-11 所示的命令，配置本地源指向光盘镜像的挂载目录 /mnt。

【代码 1-11】配置本地源。

[root@hadooptmpl hadoop]# echo '[local]name=local

baseurl=file:///mnt

gpgcheck=0'>local.repo

(45) 运行代码 1-12 命令，挂载光盘内容到 /mnt 目录下。

【代码 1-12】挂载光盘镜像到 /mnt。

[root@hadooptmpl hadoop]# mount /dev/cdrom /mnt

(46) 运行代码 1-13 命令，清理源缓存。

【代码 1-13】清理源缓存。

[root@hadooptmpl hadoop]# yum makecache

正常清理源缓存以后，会看到以下结果提示：

Determining fastest mirrors

Metadata Cache Created

(47) 执行代码 1-14 所示的命令，每次启动系统自动挂载光盘内容到 /mnt 目录下。

【代码 1-14】设置自动挂载。

[root@hadooptmpl hadoop]# echo 'mount /dev/cdrom /mnt' >>/etc/rc.local

[root@hadooptmpl hadoop]# chmod +x /etc/rc.d/rc.local

(48) 运行代码 1-15 所示的命令，安装常用的命令。

【代码 1-15】安装常用命令。

```
[root@hadooptmpl hadoop]# yum install -y bash-completion.noarch
net-tools vim lrzsz wget tree screen lsof chrony tcpdump rsync nc
```

(49) 上传 JDK 安装包 jdk-8u291-linux-x64.tar.gz 到 /opt 目录下。

(50) 解压安装 JDK，命令如代码 1-16 所示。

【代码 1-16】解压 JDK。

```
[root@hadooptmpl hadoop]# cd /opt
[root@hadooptmpl hadoop]# tar -xvf jdk-8u291-linux-x64.tar.gz
[root@hadooptmpl hadoop]# mv jdk1.8.0_291 jdk8
```

(51) 设置 JDK 相关的环境变量，并运行代码 1-17 所示的命令。

【代码 1-17】设置环境变量。

```
[root@hadooptmpl hadoop]# cp /etc/profile /etc/profile.bak
[root@hadooptmpl hadoop]# echo "export JAVA_HOME=/opt/jdk8
export CLASSPATH=/$JAVA_HOME/lib/dt.jar:$JAVA_HOME/lib/tools.jar:.
export PATH=/$JAVA_HOME/bin:/$PATH:." >>/etc/profile
[root@hadooptmpl hadoop]# source /etc/profile
```

(52) 运行代码 1-18 所示的命令，测试 JDK 是否正常安装，正常安装的在运行以下命令后可以返回 JDK 的版本。

【代码 1-18】JDK 版本显示。

```
[root@hadooptmpl hadoop]# java -version
java version "1.8.0_291"Java(TM) SE Runtime Environment (build 1.8.0_291-b10) Java
HotSpot(TM) 64-Bit Server VM (build 25.291-b10, mixed mode)
```

(53) 备份并修改 hosts，在配置文件末尾加入 3 个节点配置，命令如代码 1-19 所示。

【代码 1-19】修改 hosts。

```
[root@hadooptmpl hadoop]# cp /etc/hosts{,.bak}
[root@hadooptmpl hadoop]# echo "10.0.0.71 nodea
10.0.0.72 nodeb
10.0.0.73 nodec">> /etc/hosts
[root@hadooptmpl hadoop]# cat /etc/hosts
```

知识引申 Chrony 是一个开源的软件，它像 CentOS 7 或基于 RHEL 7 操作系统一样已经是默认服务，默认配置文件为 /etc/chrony.conf。它能保持系统时间与时间服务器 (NTP) 同步，并让时间始终保持同步。它相对于 NTP 时间同步软件具有很大的优势，其用法也很简单。

(54) 安装和设置 Chrony。打开时间同步配置文件，在文件的最后增加代码 1-20，然后保存退出。

【代码 1-20】修改 Chrony 配置文件。

```
[root@hadooptmpl hadoop]# vim /etc/chrony.conf
server 10.0.0.71 iburst
```

(55) 运行代码 1-21 所示的命令，重启时间同步服务。

【代码 1-21】重启时间同步服务。

```
[root@hadooptmpl hadoop]# systemctl restart chronyd
```

(56) 运行代码 1-22 所示的命令，切换为 hadoop 用户。

【代码 1-22】切换为 hadoop 用户。

```
[root@hadooptmpl hadoop]# su hadoop
```

(57) 运行代码 1-23 所示的命令，进入 hadoop 用户的工作目录，上传 Hadoop 安装包 hadoop-3.3.1.tar.gz。

【代码 1-23】进入 hadoop 用户的工作目录。

```
[hadoop@hadooptmpl ~]$ cd ~
```

(58) 运行代码 1-24 所示的命令，移动安装包 hadoop-3.3.1.tar.gz 到 /opt 目录并解压。

【代码 1-24】解压 Hadoop 安装包。

```
[hadoop@hadooptmpl ~]$ sudo mv hadoop-3.3.1.tar.gz /opt
[hadoop@hadooptmpl ~]$ sudo tar -xvf hadoop-3.3.1.tar.gz
```

(59) 运行代码 1-25 所示的命令，修改 Hadoop 安装目录，创建一个 tmp 目录用于存储 HDFS 文件内容。

【代码 1-25】创建目录存储 HDFS 文件内容。

```
[hadoop@hadooptmpl ~]$ cd /opt
[hadoop@hadooptmpl ~]$ sudo mv hadoop-3.3.1 hadoop
[hadoop@hadooptmpl ~]$ sudo mkdir /opt/hadoop/tmp
```

(60) 运行代码 1-26 所示的命令，设置 /opt/hadoop 的拥有者为 hadoop 用户。

【代码 1-26】修改 Hadoop 安装目录的拥有者。

```
[hadoop@hadooptmpl ~]$ sudo chown hadoop:wheel -R /opt/hadoop
```

(61) 运行代码 1-27 所示的命令，设置 Hadoop 的环境变量。

【代码 1-27】设置 Hadoop 的环境变量。

```
[hadoop@hadooptmpl ~]$ echo "export HADOOP_HOME=/opt/hadoop
export PATH=/$HADOOP_HOME/bin:/$HADOOP_HOME/sbin:/$PATH:.
">>/etc/profile
```

(62) 运行代码 1-28 所示的命令，删除 Hadoop 下 cmd 后缀的脚本，这些脚本仅能在 Windows 下运行。

【代码 1-28】移除无用脚本。

```
[hadoop@hadooptmpl ~]$ sudo rm /opt/hadoop/sbin/*.cmd -f
```

1.2.3　部署 Hadoop 完全分布式环境

完成模板机的搭建后，接下来开始部署 Hadoop 完全分布式环境。

(1) 使用 VirtualBox 把 HadoopTmpl 模板机依次克隆出 3 台虚拟机，虚拟机名称、hostname(主机名) 和 IP 地址如表 1-4 所示，关键步骤如图 1-53 和图 1-54 所示。

表 1-4　虚拟机名称、hostname 和 IP 地址配置

虚拟机名称	hostname	IP 地址
节点 A 主机 (NameNode)	nodea	10.0.0.71
节点 B 主机 (DataNode)	nodeb	10.0.0.72
节点 C 主机 (DataNode)	nodec	10.0.0.73

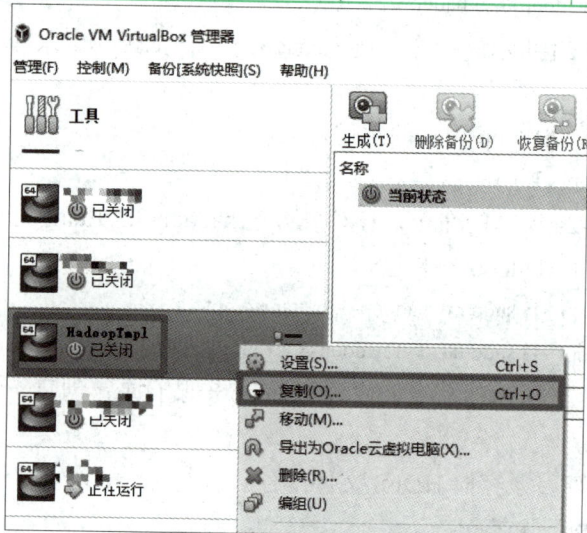

◆ 图 1-53　复制模板机

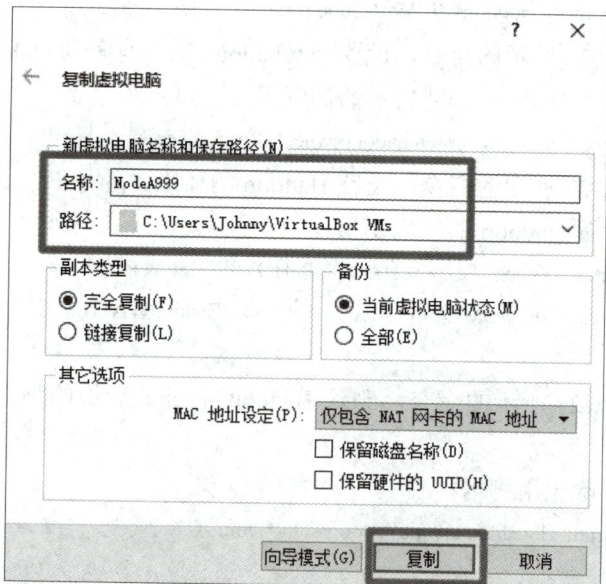

◆ 图 1-54　设置新的虚拟机名称

(2) 依次启动克隆的虚拟机，修改为对应的 hostname 和 IP。以下以节点 A 主机 (nodea) 为例。

(3) 使用 hadoop 用户登录 nodea，密码为 123456。

(4) 根据节点修改 hostname，修改命令如代码 1-29 所示。

【代码 1-29】修改 hostname。

```
[root@hadooptmpl]# sudo hostnamectl set-hostname nodea
```

(5) 修改网口 IP，其中 enp0s3 是主机网口的名称，注意替换为我们自己的网口名称。IP 地址修改为 10.0.0.71，命令和代码如代码 1-30 所示。

【代码 1-30】修改 IP。

```
[root@nodea]# sudo vim /etc/sysconfig/network-scripts/ifcfg-enp0s3

IPADDR="10.0.0.71"
```

(6) 重启克隆的 3 台虚拟机，配置 FinalShell 分别连接 3 台虚拟机，使用 hadoop 用户登录，密码为 123456，测试是否能够正常登录。

知识引申　免密登录，顾名思义就是不需要输入密码即可登录。免密登录的大致原理就是在客户端 client 生成一对密钥 (包括公钥和私钥)，然后将公钥传到服务器 server。当 client 通过 SSH 登录 server 时，不用再输入密码就能直接登录，这就是 SSH 免密登录。Hadoop 的 NameNode 是通过 SSH 来启动和停止各个节点上的各种守护进程的，在节点之间执行指令时采用不需要输入密码的方式，故需要配置 SSH 使用免密登录。

(7) 配置免密登录。使用 hadoop 用户登录 nodea 节点。如果是使用 root 登录的，则可以使用代码 1-31 所示的命令切换到 hadoop 用户。

【代码 1-31】切换为 hadoop 用户。

```
[root@nodea]# su hadoop
```

(8) 使用以下 ping 命令，如代码 1-32 所示，检查是否能够连通 nodeb 和 nodec。

【代码 1-32】ping nodeb 和 nodec。

```
[hadoop@nodea]# ping nodeb -c 3

[hadoop@nodea]# ping nodec -c 3
```

正常情况下应该有返回消息，类似代码 1-33。如果没有看到返回消息，则需检查模板机的 /etc/hosts 是否修改正确。

【代码 1-33】ping 正常返回信息。

```
64 bytes from nodeb (10.0.0.72): icmp_seq=1 ttl=64 time=0.373 ms
```

(9) 配置免密登录。首先运行代码 1-34 所示的命令,生成密钥对,然后直接按回车键 3 次。

【代码 1-34】生成密钥对。

```
[hadoop@nodea]# ssh-keygen -t rsa
```

在返回的对话文字中直接按回车键 3 次，输出内容类似代码 1-35。

【代码 1-35】生成无密码密钥对。

```
Generating public/private rsa key pair.

Enter file in which to save the key (/home/hadoop/.ssh/id_rsa):

Created directory '/home/hadoop/.ssh'.

Enter passphrase (empty for no passphrase):
```

```
Enter same passphrase again:

Your identification has been saved in /home/hadoop/.ssh/id_rsa.

Your public key has been saved in /home/hadoop/.ssh/id_rsa.pub.

The key fingerprint is:

SHA256:MSUbr5VaCY4KSpsCM0l8uhYWkr5R9iNI05SFuF00jLA hadoop@nodea999

The key's randomart image is:

+---[RSA 2048]----+
|.+=.B+ +.        |
|+B.O o.o B o     |
|OE% o . = *      |
|o%o++ + B        |
|+o= o . S        |
|.+               |
|.                |
|                 |
|                 |
+----[SHA256]-----+
```

(10) 运行代码 1-36 所示的命令，查看目录下是否有公钥 id_rsa.pub 和私钥 id_rsa，正常是可以看到的。其中，id_rsa 是私钥，id_rsa.pub 是公钥。

【代码 1-36】查看密钥对。

```
hadoop@nodea]# cd ~/.ssh

[hadoop@nodea]# ls

id_rsa  id_rsa.pub
```

(11) 执行代码 1-37 所示的命令，把公钥写入本机授权文件。

【代码 1-37】公钥写入授权文件。

```
[hadoop@nodea]# cat id_rsa.pub >> authorized_keys
```

(12) 运行代码 1-38 所示的命令，查看授权文件内的公钥内容。

【代码 1-38】查看公钥内容。

```
[hadoop@nodea]# cd ~/.ssh

[hadoop@nodea]# cat authorized_keys

ssh-rsa AAAAB3NzaC1yc2EAAAADAQABAAABAQC1Df9cM8NVGURMj3I86EoiO4Jy6LuuHOc+
MC3vnZPJX9ISSXDZ9Qx+a5CCdoZJyySG3IlvAFBLv2Wnv60tDZ9xHEQ0WbkAV/IeDrdRk1OI51/
bEGfdPqTLBtic1eXsFC6luc7kbQYuxQRoeovl2UwHNgzAX/xTyUV0uAuvTeggyGWq05I9Oiantybrum
NUJO8gFO3R9CA/zvNrJbuvVDKT9AAqQpn57jDsHkTiAlGoubKUcgAWy1EbYk7hVCL1gFkMcx
DMvSOBoY23oqEFSNrkuho2Cj2fNUinaDNDPPzoqbDwvU9IUCGhgfiNYb4Ub/
hoabJRjlcNiEgoD+G79lNd hadoop@nodea
```

(13) 执行代码 1-39 所示的命令，修改 authorized_keys 的权限为 444，让 nodea 能够免

密登录自身。

【代码 1-39】修改 authorized_keys 权限。

```
[hadoop@nodea]# chmod 444 authorized_keys
[hadoop@nodea]# ls -al authorized_keys
```

(14) 确认 nodeb 和 nodec 这两个节点都已经启动。执行代码 1-40 所示的命令，在 nodea 上面运行以下命令，把公钥拷贝到 nodeb 和 nodec。

【代码 1-40】拷贝公钥到 nodeb 和 nodec。

```
[hadoop@nodea]# ssh-copy-id -i ~/.ssh/id_rsa.pub nodeb -f
[hadoop@nodea]# ssh-copy-id -i ~/.ssh/id_rsa.pub nodec -f
```

系统询问是否连接，输入 yes，命令如代码 1-41 所示。

【代码 1-41】确认是否拷贝。

```
Are you sure you want to continue connecting (yes/no)? yes
```

输入 hadoop 用户的登录密码，如代码 1-42 所示。

【代码 1-42】输入密码。

```
hadoop@nodeb's password:
```

(15) 测试免密登录是否配置成功，在 nodea 上面分别使用 SSH 协议登录 nodea、nodeb、nodec。

例如：在 nodea 执行如代码 1-43 所示的命令，使用 SSH 协议登录 nodeb。

【代码 1-43】使用 SSH 协议登录 nodeb。

```
[hadoop@nodea]# ssh hadoop@nodeb
```

如果能够成功登录 nodeb 节点，而且不需要输入密码，则表示免密登录成功。输入代码 1-44 所示的命令退出登录。

【代码 1-44】退出登录。

```
[hadoop@nodea]# exit
```

(16) 备份和编辑 Hadoop 的 core-site.xml 配置文件。在 configuration 标签内添加配置，内容如代码 1-45 所示。

【代码 1-45】配置 core-site.xml。

```
[hadoop@nodea]# cp /opt/hadoop/etc/hadoop/core-site.xml{,.bak}
[hadoop@nodea]# vim /opt/hadoop/etc/hadoop/core-site.xml
<configuration>
  <!-- HDFS 访问地址 -->
  <property>
    <name>fs.defaultFS</name>
    <value>hdfs://nodea:8020</value>
  </property>
  <property>
```

```
    <name>hadoop.tmp.dir</name>
    <value>/opt/hadoop/tmp</value>
  </property>
  <property>
    <name>fs.trash.interval</name>
    <value>1440</value>
  </property>
  <property>
    <name>hadoop.http.staticuser.user</name>
    <value>hadoop</value>
  </property>
</configuration>
```

(17) 备份和编辑 Hadoop 的 hdfs-site.xml 配置文件，内容如代码 1-46 所示。

【代码 1-46】配置 hdfs-site.xml。

```
[hadoop@nodea]# cp /opt/hadoop/etc/hadoop/hdfs-site.xml{,.bak}
[hadoop@nodea]# vim /opt/hadoop/etc/hadoop/hdfs-site.xml
<configuration>
  <!-- secondary namenode 访问地址 -->
  <property>
    <name>dfs.secondary.http.address</name>
    <value>nodea:50090</value>
  </property>
  <!-- HDFS 副本数量 -->
  <property>
    <name>dfs.replication</name>
    <value>2</value>
  </property>
</configuration>
```

(18) 新建一个 masters 配置文件，命令如代码 1-47 所示。

【代码 1-47】编辑 masters。

```
[hadoop@nodea]# vim /opt/hadoop/etc/hadoop/masters
```

删除原有内容，写入代码 1-48 所示的内容。

【代码 1-48】masters 内容。

```
nodea
```

(19) 备份和编辑 Hadoop 的 mapred-site.xml 配置文件，命令和内容如代码 1-49 所示。

【代码 1-49】编辑 mapred-site.xml。

```
[hadoop@nodea]# cp /opt/hadoop/etc/hadoop/mapred-site.xml{,.bak}
```

```
[hadoop@nodea]# vim /opt/hadoop/etc/hadoop/mapred-site.xml
<configuration>
  <property>
    <name>mapreduce.framework.name</name>
    <value>yarn</value>
  </property>
  <property>
    <name>mapreduce.jobhistory.address</name>
    <value>nodea:10020</value>
    <description>Host and port for Job History Server (default 0.0.0.0:10020)</description>
  </property>
  <property>
    <name>mapreduce.application.classpath</name>
    <value>$HADOOP_HOME/share/hadoop/mapreduce/*,$HADOOP_HOME/share/hadoop/mapreduce/
lib/*,$HADOOP_HOME/share/hadoop/common/*,$HADOOP_HOME/share/hadoop/common/lib/*,
$HADOOP_HOME/share/hadoop/yarn/*,$HADOOP_HOME/share/hadoop/yarn/lib/*,$HADOOP_HOME/
share/hadoop/hdfs/*,$HADOOP_HOME/share/hadoop/hdfs/lib/*</value>
  </property>
</configuration>
```

(20) 备份和编辑 Hadoop 的 yarn-site.xml 配置文件，命令和内容如代码 1-50 所示。

【代码 1-50】编辑 yarn-site.xml。

```
[hadoop@nodea]# cp /opt/hadoop/etc/hadoop/yarn-site.xml{,.bak}
[hadoop@nodea]#  vim /opt/hadoop/etc/hadoop/yarn-site.xml
<configuration>
  <property>
    <name>yarn.resourcemanager.hostname</name>
    <value>nodea</value>
  </property>
  <property>
    <name>yarn.nodemanager.aux-services</name>
    <value>mapreduce_shuffle</value>
  </property>
</configuration>
```

(21) 运行代码 1-51 所示的命令，编辑 workers，清除原来的所有内容，增加配置 DataNode 节点信息。

【代码 1-51】编辑 workers。

```
[hadoop@nodea]# vim /opt/hadoop/etc/hadoop/workers
```

删除原有内容，写入代码 1-52 所示的内容（从 Hadoop 3.0 开始，slaves 已经弃用，改用 workers 来替代配置数据节点信息）。

【代码 1-52】workers 内容。

```
nodeb
nodec
```

（22）修改 hadoop-env.sh，在第 1 行加入代码 1-53 所示的内容。

【代码 1-53】修改 hadoop-env.sh。

```
[hadoop@nodea]# vim /opt/hadoop/etc/hadoop/hadoop-env.sh
export JAVA_HOME=/opt/jdk8
```

（23）运行代码 1-54 所示的命令，把 nodea 节点 Hadoop /opt/hadoop/etc/hadoop 下的所有 Hadoop 配置文件发送到 nodeb 和 nodec。如果上面的配置文件有修改，则需要同步发送到 nodeb 和 nodec 节点。

【代码 1-54】同步 Hadoop 配置。

```
[hadoop@nodea]# cd /opt/hadoop/etc/
[hadoop@nodea]# scp -r hadoop hadoop@nodeb:/opt/hadoop/etc/
[hadoop@nodea]# scp -r hadoop hadoop@nodec:/opt/hadoop/etc/
```

（24）输入代码 1-55 所示的命令，格式化 HDFS。请勿重复执行此命令，因为会导致 DataNode 和 NameNode 的集群 ID 不一致，造成 HDFS 出错。

【代码 1-55】格式化 HDFS。

```
[hadoop@nodea]# hdfs namenode -format
```

在输出的内容中，如果能看到如代码 1-56 所示的信息，则说明格式化成功。

【代码 1-56】格式化成功消息。

```
2022-01-24 14:32:54,209 INFO common.Storage: Storage directory /opt/hadoop/tmp/dfs/name has been
successfully formatted.
```

（25）创建 Hadoop 启动脚本，代码如代码 1-57 所示。

【代码 1-57】创建 Hadoop 启动脚本。

```
[hadoop@nodea]# vim /opt/hadoop/sbin/start-hdp.sh

#!/usr/bin/env bash
start-dfs.sh
start-yarn.sh
mapred --daemon start historyserver
```

（26）创建 Hadoop 停止脚本，代码如代码 1-58 所示。

【代码 1-58】创建 Hadoop 停止脚本。

```
[hadoop@nodea]# vim /opt/hadoop/sbin/stop-hdp.sh

#!/usr/bin/env bash
```

```
mapred --daemon stop historyserver

stop-yarn.sh

stop-dfs.sh
```

(27) 创建 Hadoop 重启脚本，代码如代码 1-59 所示。

【代码 1-59】创建 Hadoop 重启脚本。

```
[hadoop@nodea]# vim /opt/hadoop/sbin/restart-hdp.sh

#!/usr/bin/env bash

stop-hdp.sh

start-hdp.sh
```

(28) 运行代码 1-60 所示的命令，修改创建的 Hadoop 脚本权限。

【代码 1-60】修改创建的 Hadoop 脚本权限。

```
[hadoop@nodea]# cd /opt/hadoop/sbin/

[hadoop@nodea]# chmod 744 start-hdp.sh stop-hdp.sh restart-hdp.sh
```

(29) 运行代码 1-61 所示的命令，使用脚本启动 Hadoop。

【代码 1-61】使用脚本启动 Hadoop。

```
[hadoop@nodea]# start-hdp.sh
```

(30) 在 nodea 输入 jps 命令，观察是否有代码 1-62 所示的进程信息，如果正常，则应该有类似的结果。

【代码 1-62】jps 查看进程信息。

```
[hadoop@nodea]# jps

NameNode

Jps

ResourceManager

SecondaryNameNode

JobHistoryServer
```

(31) 在 nodea 输入代码 1-63 所示的命令，查看机架拓扑是否有 nodeb 和 noden 的信息。

【代码 1-63】查看机架拓扑。

```
[hadoop@nodea]# hdfs dfsadmin -printTopology

Rack: /default-rack

    10.0.0.72:9866 (nodeb)

    10.0.0.73:9866 (nodec)
```

(32) 在 nodeb 和 nodec 分别输入 jps 命令，观察是否有代码 1-64 所示的进程信息。

【代码 1-64】nodeb 和 nodec 进程查看。

```
[hadoop@nodeb]# jps

DataNode

NodeManager

Jps
```

(33) 打开宿主机浏览器，访问 HDFS Web 界面 http://10.0.0.71:9870/。

(34) 查看 NameNode 是否为 Active，如图 1-55 所示。

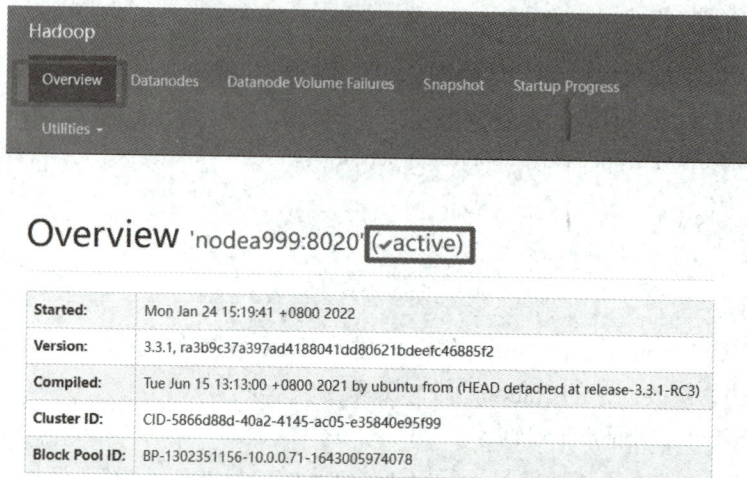

◆ 图 1-55　查看 NameNode 状态

(35) 查看两个节点 DataNode 服务状态是否正常，如图 1-56 所示。

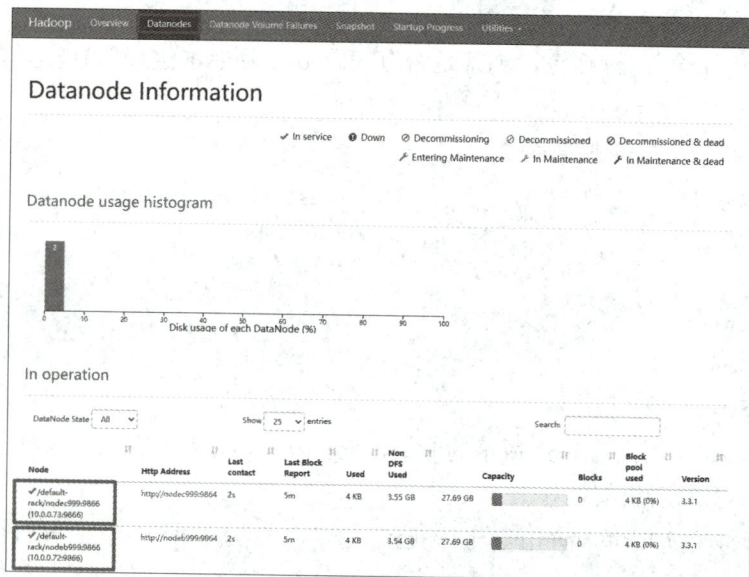

◆ 图 1-56　查看 DataNode 状态

(36) 上传 countryroad.txt 到 nodea 的 /home/hadoop。countruroad.txt 内容如代码 1-65 所示。

【代码 1-65】countryroad.txt 内容。

```
almost heaven
west virginia
blue ridge mountains
shenandoah river
```

life is old there

older than the trees

younger than the mountains

growing like a breeze

country roads take me home

to the place i belong

west virginia

mountain momma

take me home country roads

(37) 运行代码 1-66 所示的命令，把 countryroad.txt 从 CentOS 文件系统上传到 HDFS。

【代码 1-66】上传文件到 HDFS。

```
[hadoop@nodea]# hdfs dfs -mkdir /part2

[hadoop@nodea]# hdfs dfs -put /home/hadoop/countryroad.txt /part2

[hadoop@nodea]# hdfs dfs -ls /part2
```

(38) 运行 Hadoop 自带的 wordcount 程序，命令如代码 1-67 所示，观察输出的内容。

【代码 1-67】运行 wordcount 程序。

```
[hadoop@nodea]# cd $HADOOP_HOME/share/hadoop/mapreduce

[hadoop@nodea]# hadoop jar hadoop-mapreduce-examples-3.3.1.jar wordcount
/part2/countryroad.txt /output
```

如果输出的日志内容包含类似代码 1-68 所示的信息，则表示执行成功。

【代码 1-68】执行成功消息。

```
2022-01-24 15:48:51,712 INFO mapreduce.Job: Job job_xxxxxxx completed successfully
```

(39) 程序执行过程中，可以访问 Yarn Web 界面查看任务进展，如图 1-57 所示。

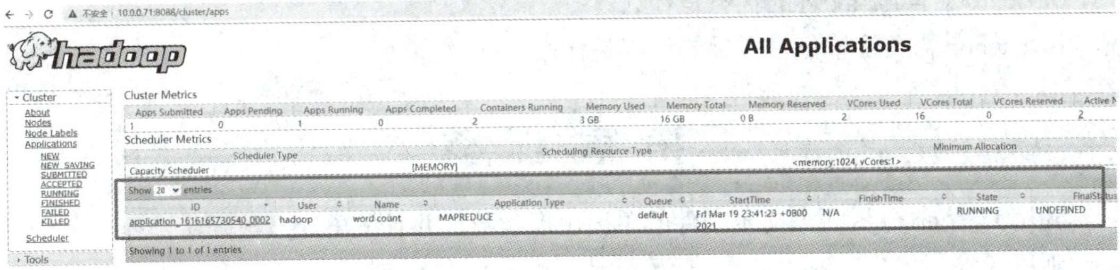

◆ 图 1-57　Yarn Web 界面查看任务进展

(40) 等待程序运行完毕后，再运行代码 1-69 所示的命令，观察输出的内容。

【代码 1-69】查看 wordcount 程序运行结果。

```
[hadoop@nodea]# hdfs dfs -cat /output/part-r-00000
```

项 目 总 结

通过本项目的学习，我们了解了 Hadoop 的作用、特点、诞生的过程和发展的现状，以及如何搭建 CentOS 7 系统和 Hadoop 完全分布式环境。本项目的技能图谱如图 1-58 所示。

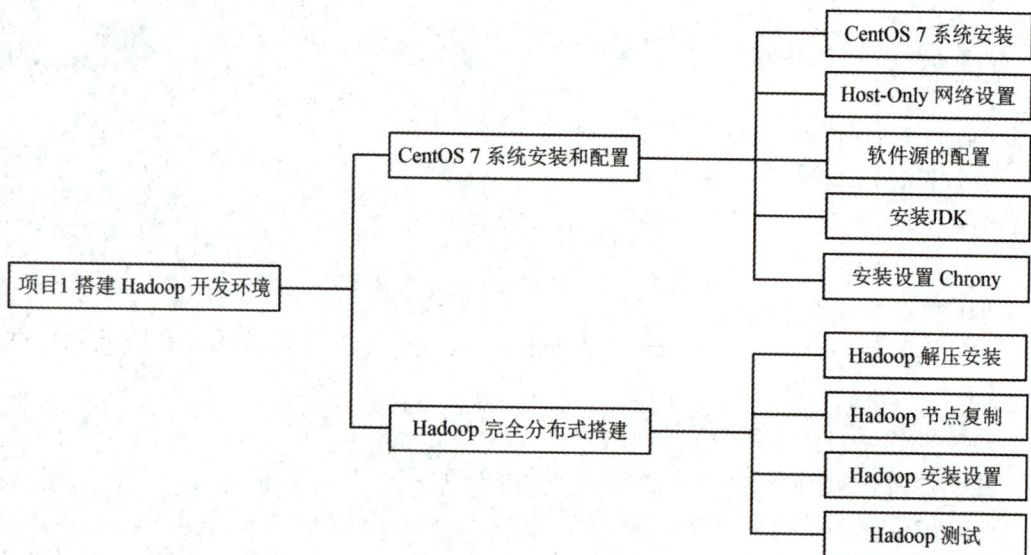

◆ 图 1-58　项目 1 技能图谱

思 考 与 练 习

1. Hadoop 为什么能够支持数千个节点的扩展？

2. Hadoop 具备什么特点？

3. Hadoop 最新的版本是什么？

4. Hadoop 完全分布式部署有哪些步骤？

5. CentOS 本地源配置的优势是什么？

6. Hadoop 需要配置免密登录的原因是什么？

拓 展 训 练

使用 Hadoop 分析一个文本文件的单词出现次数，并且按出现次数降序排列。

训练要求：选取一个文本文件，可以是一篇英文文章或报道。单词数量在 1000 以上。

训练结果：需提交报告描述分析的过程和结果。

考核方式：采取课内个人报告方式，时间控制在 5 分钟以内。

评价标准：

(1) 个人表达准确，逻辑清晰(30分)。

(2) 报告文档格式规范(30分)。

(3) 报告结果正确(40分)。

项目 2　Hadoop 入门及实战

▶▶▶ 项目引入

项目已启动，上周马克为数据仓库部门的同事王博搭建了一个 Hadoop 完全分布式环境，方便他进行客制化数据导出以及做数据分析。但是现在马克要把精力放在自己所负责的部分了。他需要进行数据分析，有时候也会编写 Java 代码，所以他首先要为自己启动一个 Hadoop 容器。正忙着，王博过来找他了。

王博：你帮我搭建的 Hadoop 完全分布式环境真好用，导出数据效率高了不少，我要跟你"取个经"。

马克：嗯，你说，有问必答。

王博：你用的是什么文件系统搭建的环境，为什么数据处理特别快，而且还能处理海量数据的同时不会资源吃紧？

马克：具体的咱们慢慢聊。

王博：……

其实没有那么神秘，在本次项目中，马克用到的是 HDFS 和 MapReduce 分布式数据处理框架，给王博搭建的也用的是这个，下面会详细地进行分析。

▶▶▶ 任务目标

(1) 了解 HDFS 及其特性。

(2) 了解 HDFS 的组成组件以及各个组件的职能。

(3) 了解高容错和高吞吐是如何实现的。

(4) 了解 HDFS 为什么只适合存储流式大文件。

(5) 掌握 HDFS Web Console 的功能和操作。

(6) 掌握 HDFS Shell 的操作。

(7) 掌握 HDFS Java API 的调用。

(8) 掌握 MapReduce 的工作机制，结合 YARN 理解 MapReduce。

(9) 掌握 MapReduce 的编程案例。

知识图谱

本项目的知识图谱如图 2-1 所示。

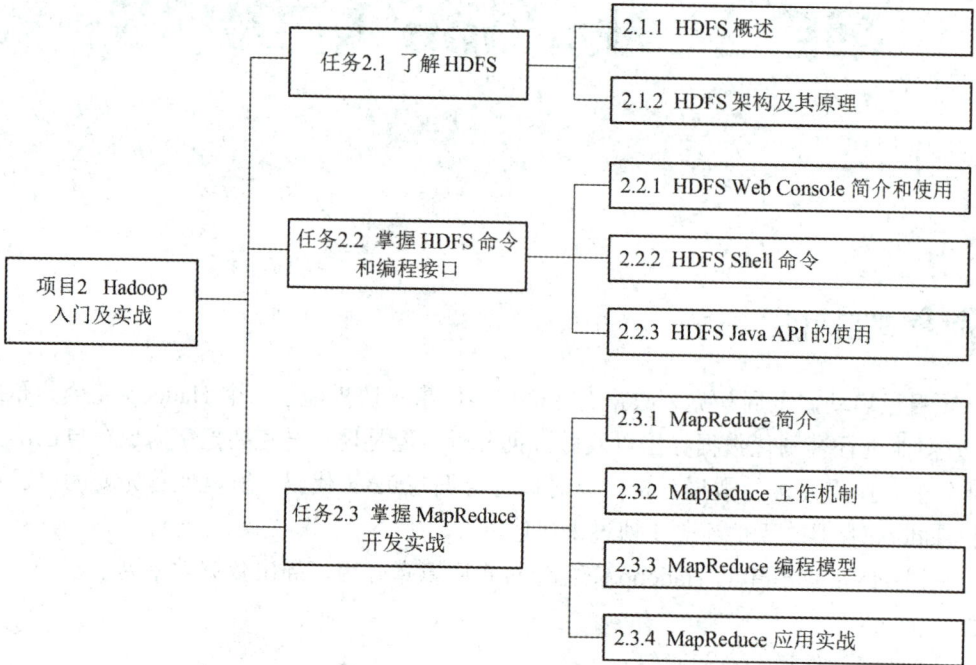

```
项目2 Hadoop          任务2.1 了解HDFS          2.1.1 HDFS 概述
入门及实战
                                               2.1.2 HDFS 架构及其原理

                      任务2.2 掌握HDFS命令        2.2.1 HDFS Web Console 简介和使用
                      和编程接口
                                               2.2.2 HDFS Shell 命令

                                               2.2.3 HDFS Java API 的使用

                      任务2.3 掌握MapReduce       2.3.1 MapReduce 简介
                      开发实战
                                               2.3.2 MapReduce 工作机制

                                               2.3.3 MapReduce 编程模型

                                               2.3.4 MapReduce 应用实战
```

◆ 图 2-1　项目 2 知识图谱

任务 2.1　了解 HDFS

任务描述

为了能够更深入地学习 HDFS 和 MapReduce，我们必须了解 HDFS 的架构和成员以及各个成员的职责与 MapReduce 的工作机制。

2.1.1　HDFS 概述

在现代企业环境中，单机容量往往无法存储大量数据，而需要跨机器存储。统一管理分布在集群上的文件系统称为分布式文件系统 (HDFS)。

HDFS 是一个 Apache Software Foundation 项目，是 Apache Hadoop 项目的一个子项目。Hadoop 非常适用于存储大型数据 (如 TB 和 PB)，其就是使用 HDFS 作为存储系统的。HDFS 使用多台计算机存储文件，像是访问一个普通文件系统一样使用分布式文件系统。

HDFS 对数据文件的访问通过流的方式进行处理，这意味着通过 Shell 命令和

MapReduce 程序的方式可以直接使用 HDFS。HDFS 是高容错的，且提供对数据集的高吞吐量访问。

HDFS 的一个非常重要的特点就是一次写入、多次读取，该模型降低了对并发控制的要求，简化了数据聚合性，支持高吞吐量访问。而吞吐量是大数据系统的一个非常重要的指标，吞吐量高意味着能处理的数据量就大。

HDFS 本质上是一个文件系统，用于存储文件，通过目录树来定位文件；其次，它是分布式的，由很多服务器联合起来实现其功能，集群中的服务器有各自的角色。

HDFS 的设计适合一次写入、多次读出的场景，且不支持文件的修改，适合用来做数据分析，而不适合用来做网盘应用。

1. HDFS 适合的应用场景

(1) 存储非常大的文件的场景。这里的"非常大"指的是几百 MB、GB 或者 TB 级别，需要高吞吐量，对延时没有要求。

(2) 采用流式的数据访问方式的场景。即，一次写入、多次读取，数据集经常从数据源生成或者拷贝一次，然后在其上做很多分析工作。

(3) 运用于商业硬件上的场景。Hadoop 不需要特别贵的机器，可运行于普通廉价机器，可以节约成本。

(4) 需要高容错率的场景。

(5) 为数据存储提供所需的扩展能力的场景。

2. HDFS 不适合的应用场景

(1) 低延时的数据访问的场景。对延时要求在毫秒级别的应用，不适合采用 HDFS。

(2) 大量小文件的场景。文件的元数据保存在 NameNode 的内存中，整个文件系统的文件数量会受限于 NameNode 的内存大小。经验而言，一个文件 / 目录 / 文件块一般占用 150 B 的元数据内存空间。如果有 100 万个文件，每个文件占用 1 个文件块，则需要大约 300 MB 的内存。因此，十亿级别的文件数量在现有商用机器上难以支持。

(3) 多方读写的场景。需要任意的文件修改，HDFS 采用追加 (append-only) 的方式写入数据，不支持文件任意位置的插入或修改，不支持多个写入器。

2.1.2　HDFS 架构及其原理

HDFS 架构如图 2-2 所示。HDFS 的组成架构包括 NameNode 和 DataNode 以及 Secondary NameNode。

1. NameNode 的职责

(1) 接收客户端的请求。例如，接收客户端上传文件、下载文件、删除文件等的请求。

(2) 管理和维护 HDFS 的命名空间。NameNode 管理着文件系统的命名空间，维护文件系统的树状结构和树内所有文件和目录的元信息。

(3) 管理 DataNode 上的数据块信息。

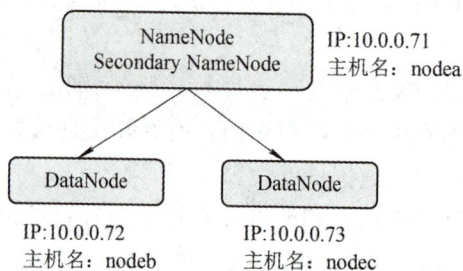

◆ 图 2-2　HDFS 架构图

2. DataNode 的职责

(1) 保存数据块。Hadoop 1.x 默认数据块大小为 64 MB，Hadoop 2.x 以后的版本默认数据块大小为 128 MB。

(2) 接收 NameNode 的指令，并定期向 NameNode 汇报数据块信息 (Blockreport)。

(3) 定期向 NameNode 发送心跳信息 (Heartbeat) 保持联系。如果 NameNode 10 分钟没有收到 DataNode 的心跳信息，则认为其失去联系 (Lost)，并将其上的数据块复制到其他 DataNode。

3. Secondary NameNode 的职责

从字面上理解，Secondary NameNode 很容易被误解为 NameNode 的备份节点，但其并不是 NameNode 的备份节点。Secondary NameNode 负责定期把 NameNode 的 fsimage 和 edits 下载到本地，并将它们加载到内存进行合并，最后将合并后的新的 fsimage 上传回 NameNode，这个过程称为检查点 (checkpoint)。触发检查点设置项有两个，一个为 dfs. namenode.checkpoint.period，是指两个连续检查点相距时间，默认是 1 小时；另一个为 dfs. namenode.checkpoint.txns，是指触发新增事务数量，默认是 1 百万条。

Secondary NameNode 的工作流程如图 2-3 所示。

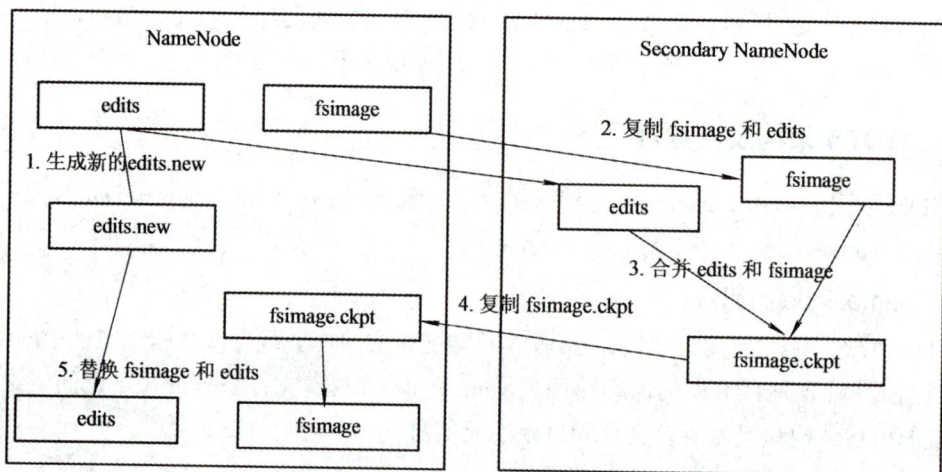

◆ 图 2-3　Secondary NameNode 的工作流程

在 Hadoop 中，NameNode 负责对 HDFS 的 metadata 的持久化存储，并且处理来自客户端的对 HDFS 的各种操作的交互反馈。为了保证交互速度，HDFS 的 metadata 是被导入到 NameNode 机器的内存中的，并且会将内存中的这些数据保存到磁盘进行持久化存储。最近一次的命名空间镜像信息放在 fsimage。对 HDFS 最近一段时间的操作列表会被保存到 NameNode 中的一个叫 Editlog 的文件中去。

随着 HDFS 的运行时间变长，edits 和 fsimage 会越来越大，占用大量的内存资源，如果不持久化保存，一旦丢失则后果严重。Secondary NameNode 会周期性地将 Editlog 中记录的对 HDFS 的操作合并到一个 checkpoint 中，然后清空 Editlog，详见图 2-4。因此，NameNode 的重启就会导入最新的一个 checkpoint，并重复 Editlog 中记录的 HDFS 操作，由于 Editlog 中记录的是从上一次 checkpoint 以后到现在的操作列表，所以就会比较小，整个 HDFS 集群的启动速度会加快。如果没有 Secondary NameNode 的这个周期性的合并过程，那么当每次重启 NameNode 的时候，就会花费很长的时间，而这样周期性的合并就能减少重启的时间，同时也能保证 HDFS 的完整性。

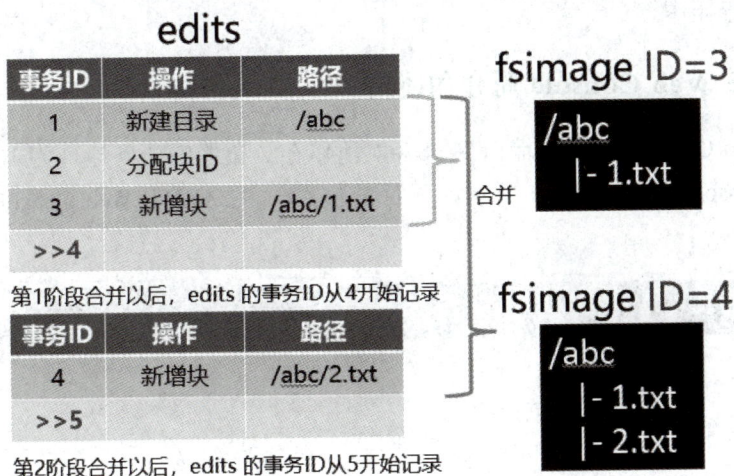

◆ 图 2-4　edits 和 fsimage

检查点相关配置介绍如下。只要其中一个条件触发都可以引发 fsimage 文件和 edits 文件的合并。

(1) dfs.namenode.checkpoint.period：两次检查点创建之间的固定时间间隔，默认为 3600 秒，即 1 小时。

(2) dfs.namenode.checkpoint.txns：未检查的事务数量。若未检查事务数达到一定值 (Hadoop3 默认为 1 000 000)，也触发一次 checkpoint。

(3) dfs.namenode.checkpoint.check.period：在高可模式下，Secondary NameNode 的角色会被 Standby NameNode 替代。Standby NameNode 会检查是否满足建立 checkpoint 的条件的检查周期，默认为 60 秒，即每 1 分钟检查一次。

(4) dfs.namenode.num.checkpoints.retained：在 NameNode 上保存的 fsimage 的数目，超出的会被删除，默认保存 2 个。

(5) dfs.namenode.num.checkpoints.retained：最多能保存的 edits 文件个数，默认为 1 000 000。

(6) dfs.ha.tail-edits.period：Standby NameNode 每隔多长时间去检测新的 edits 文件的间隔时间，默认为 60 秒。Standby NameNode 只会检测已完成的 edits 文件，处理中的 edits 文件则不会检测。

任务 2.2　掌握 HDFS 命令和编程接口

任务描述

在本次任务里，我们主要学习 HDFS 网页控制台的使用，HDFS 网页控制台的功能，以及 HDFS Shell 的命令及其作用与应用。另外，我们还要学习如何用 Java API 对 HDFS 的文件系统进行操作。

2.2.1　HDFS Web Console 简介和使用

HDFS Web Console 的默认端口为 9870，所以在浏览器的访问地址为 10.0.0.71:9870。HDFS Web Console 页面如图 2-5 所示。下面先来了解一下 HDFS Web Console 有什么信息展示给我们。

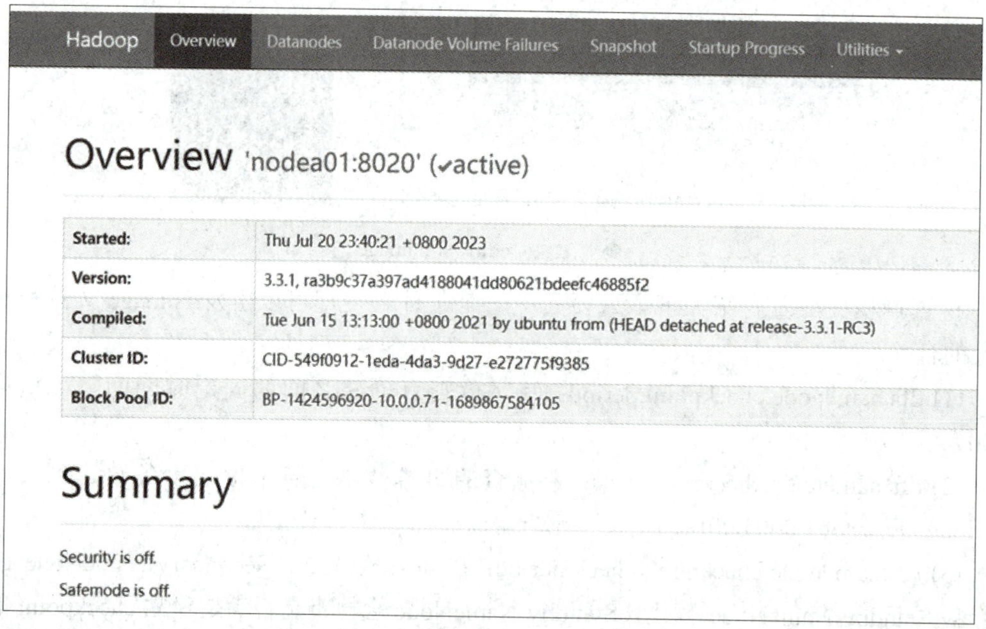

◆ 图 2-5　HDFS Web Console 页面

首先 Overview 是 NameNode 的主要信息展示，包括 NameNode 的主机名和 RPC 端口信息，以及 NameNode 启动的时间、版本、集群 ID 和块缓存区 ID 等信息。

nodea 是 NameNode 的主机名，8020 是 HDFS RPC 通信端口。

Summary 展示了 HDFS 的安全模式是否开启、配置的容量有多大、剩下可以使用的容量有多少，以及 HDFS 集群的 DataNode 的状况，如图 2-6 所示。

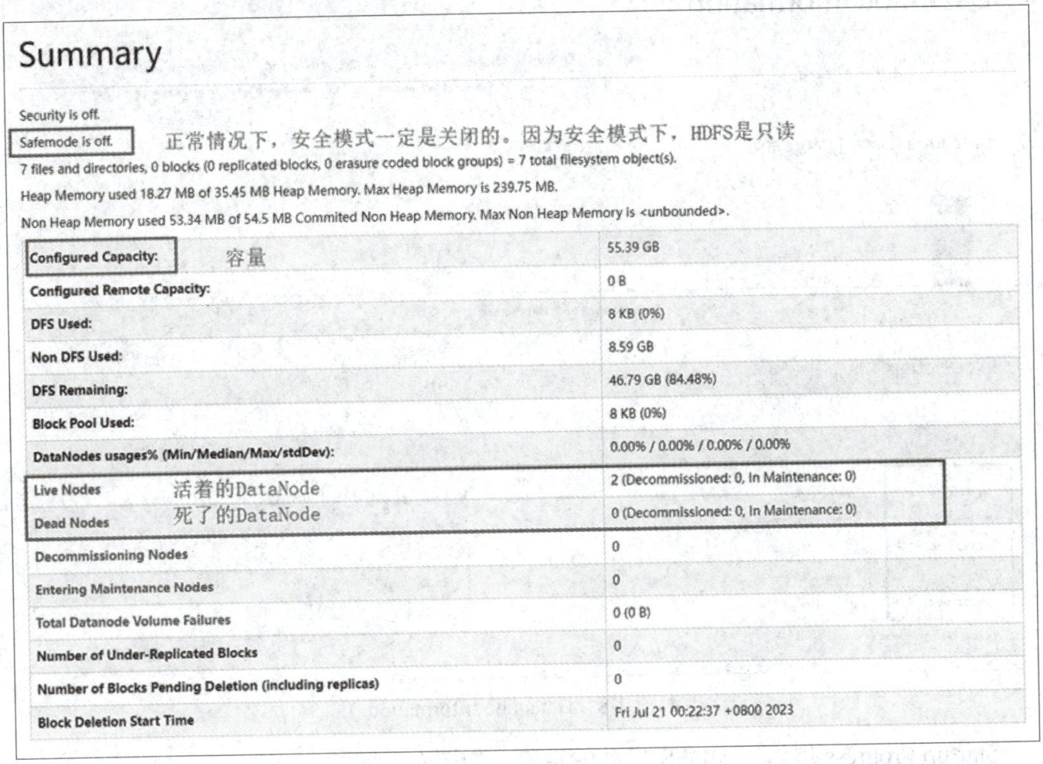

◆ 图 2-6　Summary

NameNode Journal Status 展示了目前的 Editlog 是哪个文件，以及这个文件的详细路径；NameNode Storage 展示了 HDFS 的 fsimage 文件和 edits 文件放在哪个目录下面，如图 2-7 所示。

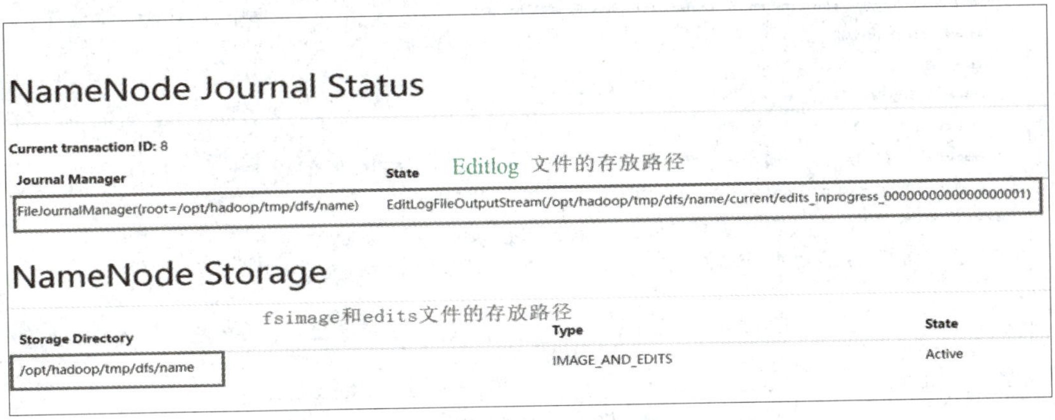

◆ 图 2-7　NameNode Journal Status &Name Node Storage

Datanode Information(这是完全分布模式，有两个 DataNode) 展示了 DataNode 的 IP 地址和 RPC 端口以及 Datanode 的状态，如图 2-8 所示。

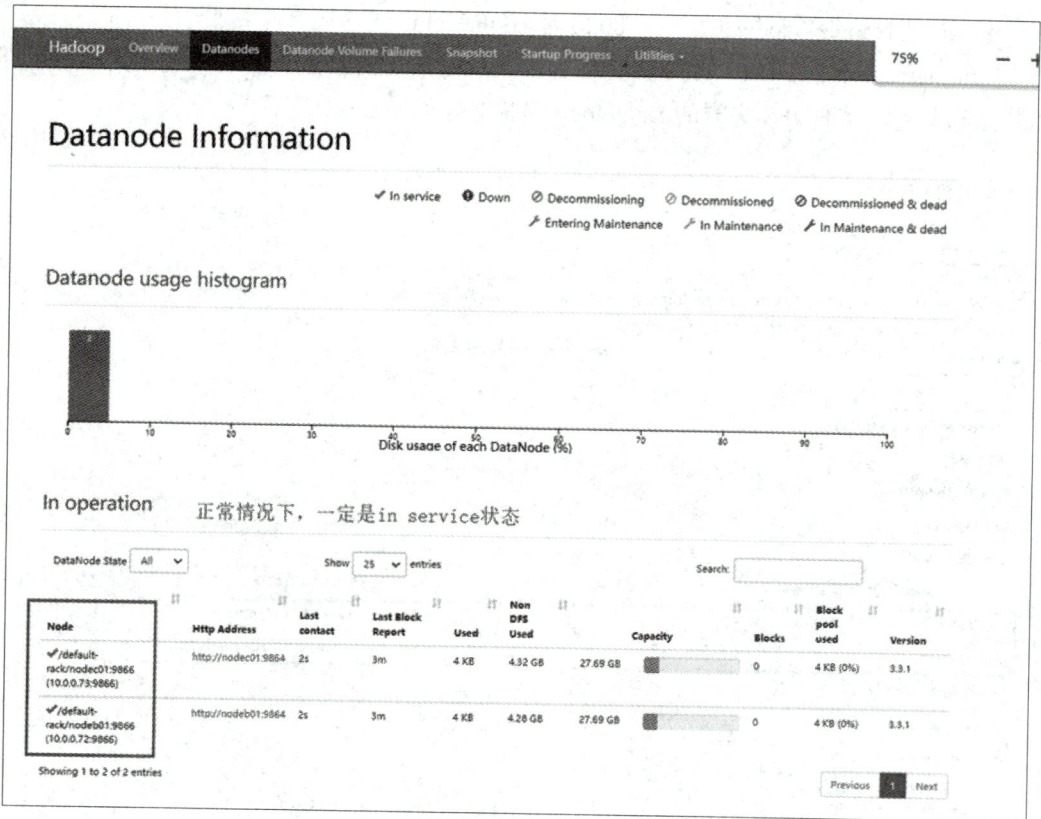

◆ 图 2-8　Datanode Information

Startup Progress 展示了 HDFS 启动的步骤，如图 2-9 所示。

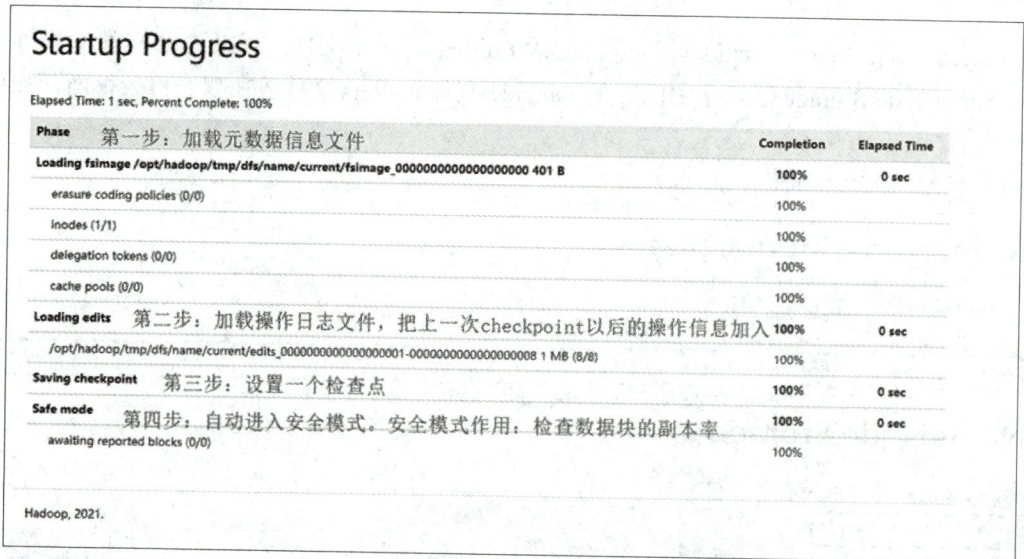

◆ 图 2-9　Startup Progress

除了可以通过 HDFS Shell 命令来操作 HDFS 外，HDFS Web Console 也提供了网页按钮让我们操作 HDFS。如图 2-10 所示，从这里可以进入 Web Console 的文件系统操作页面。

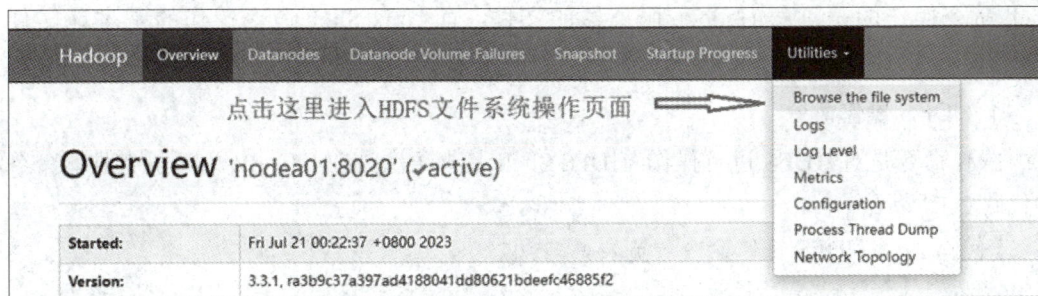

◆ 图 2-10　Web Console 文件系统操作入口

单击"Browsethe file system"，可以看到如图 2-11 所示的页面。

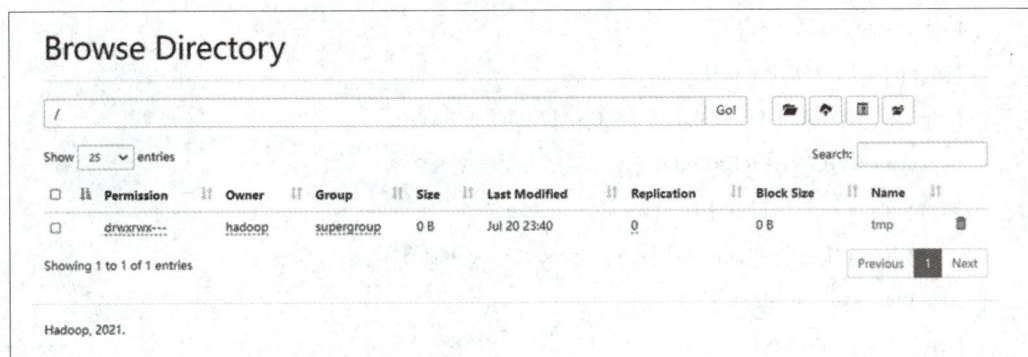

◆ 图 2-11　Browse Directory 页面

在该页面可以对 HDFS 的文件进行新建文件夹、上传文件、剪切 / 复制 / 删除等操作。
HDFS Web Console 也提供了查看日志的功能，如图 2-12 所示。

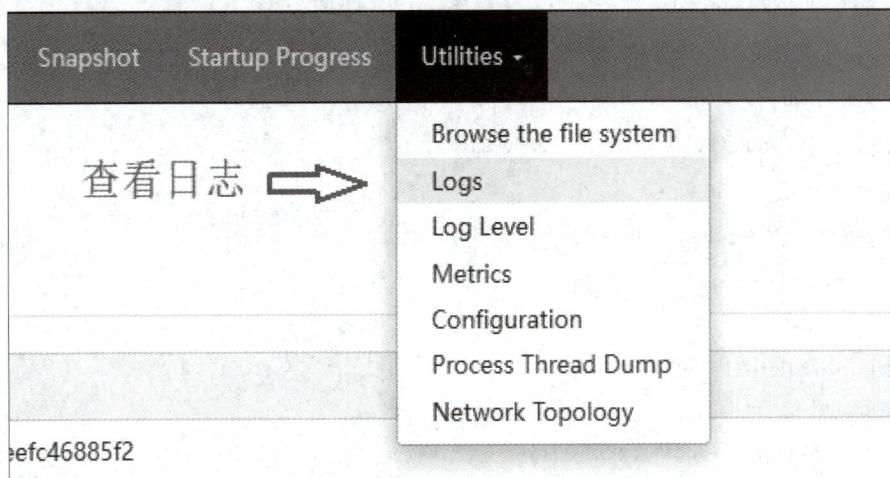

◆ 图 2-12　查看日志功能

2.2.2　HDFS Shell 命令

大多数 HDFS Shell 命令的行为和对应的 Unix Shell 命令类似，主要不同是 HDFS

Shell 命令操作的是远程 Hadoop 服务器的文件，而 Unix Shell 命令操作的是本地文件。HDFS Shell 的命令又分为两类，分别是操作命令和管理命令。

1. HDFS 操作命令

操作命令是对 HDFS 进行操作。HDFS Shell 基本语法为在 hdfs dfs 之后加上具体命令，如代码 2-1 所示。

【代码 2-1】 HDFS 操作命令一览表。

```
hdfs dfs
    [-appendToFile <localsrc> ... <dst>]
    [-cat [-ignoreCrc] <src> ...]
    [-checksum <src> ...]
    [-chgrp [-R] GROUP PATH...]
    [-chmod [-R] <MODE[,MODE]... | OCTALMODE> PATH...]
    [-chown [-R] [OWNER][:[GROUP]] PATH...]
    [-copyFromLocal [-f] [-p] [-l] <localsrc> ... <dst>]
    [-copyToLocal [-p] [-ignoreCrc] [-crc] <src> ... <localdst>]
    [-count [-q] [-h] <path> ...]
    [-cp [-f] [-p | -p[topax]] <src> ... <dst>]
    [-createSnapshot <snapshotDir> [<snapshotName>]]
    [-deleteSnapshot <snapshotDir> <snapshotName>]
    [-df [-h] [<path> ...]]
    [-du [-s] [-h] <path> ...]
    [-expunge]
    [-find <path> ... <expression> ...]
    [-get [-p] [-ignoreCrc] [-crc] <src> ... <localdst>]
    [-getfacl [-R] <path>]
    [-getfattr [-R] {-n name | -d} [-e en] <path>]
    [-getmerge [-nl] <src> <localdst>]
    [-help [cmd ...]]
    [-ls [-d] [-h] [-R] [<path> ...]]
    [-mkdir [-p] <path> ...]
    [-moveFromLocal <localsrc> ... <dst>]
    [-moveToLocal <src> <localdst>]
    [-mv <src> ... <dst>]
    [-put [-f] [-p] [-l] <localsrc> ... <dst>]
    [-renameSnapshot <snapshotDir> <oldName> <newName>]
    [-rm [-f] [-r|-R] [-skipTrash] <src> ...]
```

```
[-rmdir [--ignore-fail-on-non-empty] <dir> ...]

[-setfacl [-R] [{-b|-k} {-m|-x <acl_spec>} <path>]|[--set <acl_spec> <path>]]

[-setfattr {-n name [-v value] | -x name} <path>]

[-setrep [-R] [-w] <rep> <path> ...]

[-stat [format] <path> ...]

[-tail [-f] <file>]

[-test -[defsz] <path>]

[-text [-ignoreCrc] <src> ...]

[-touchz <path> ...]

[-truncate [-w] <length> <path> ...]

      [-usage [cmd ...]]
```

HDFS Shell 常用命令及示例如代码 2-2 所示。

【代码 2-2】常用的 HDFS Shell 命令及示例。

-help

功能：输出这个命令参数手册

示例：hdfs dfs -help

-ls

功能：显示目录信息

示例：hdfs dfs -ls hdfs://nodea:8020/

备注：这些参数中，所有的 hdfs 路径都可以简写

-->hdfs dfs -ls /　等同于上一条命令的效果

-mkdir

功能：在 hdfs 上创建目录

示例：hdfs dfs -mkdir -p /aaa/bbb/cc/dd

-moveFromLocal

功能：从本地 (Linux 系统) 剪切粘贴到 hdfs

示例：hdfs dfs-moveFromLocal/export/testdata/a.txt/aaa/bbb/cc/dd

-appendToFile

功能：将本地文件系统中的单个 src 或多个 src 附加到目标文件系统，还从 stdin 读取输入并将其
　　　附加到目标文件系统

示例：hdfs dfs-appendToFile b.txt hdfs://nodea:8020/aaa/bbb/cc/dd/a.txt

可以简写为：

hdfs dfs-appendToFile b.txt /aaa/bbb/cc/dd/a.txt

hdfs dfs-appendToFile - hdfs://10.0.0.71/hadoop/hadoopfile(从键盘输入信息中获取内容输入到 hdfs 文件里)

-cat

功能：显示文件内容

示例：hdfs dfs -cat /aaa/bbb/cc/dd/a.txt

-tail

功能：显示一个文件的末尾

示例：hdfs dfs -tail/aaa/bbb/cc/dd/a.txt

-text

功能：以字符形式打印一个文件的内容

示例：hdfs dfs -text/aaa/bbb/cc/dd/a.txt

-chgrp

-chmod

-chown

功能：与 Linux 文件系统中的用法一样，对文件所属权限 / 所属人进行修改

示例：

hdfs dfs -chgrp -R root /Hadoop

hdfs dfs -chmod666 /aaa/bbb/cc/dd/a.txt。

hdfs dfs -chown -R hadoop:supergroup /hadoop

-copyFromLocal

功能：从本地文件系统拷贝文件到 hdfs 路径中

示例：hdfs dfs-copyFromLocal /export/softwares/jdk-8u141-linux-x64.tar.gz /aaa/bbb/cc/dd
　　　-copyToLocal

功能：从 hdfs 拷贝到本地当前目录

示例：hdfs dfs -copyToLocal /aaa/bbb/cc/dd/jdk-8u141-linux-x64.tar.gz /export/testdata/

-cp

功能：从 hdfs 的一个路径拷贝 hdfs 的另一个路径

示例：hdfs dfs -cp /aaa/bbb/cc/dd/jdk-8u141-linux-x64.tar.gz /aaa/jdk.tar.gz

-mv

功能：在 hdfs 目录中移动文件

示例：hdfs dfs -mv/aaa/jdk.tar.gz /

-get

功能：等同于 copyToLocal，就是从 hdfs 下载文件到本地

示例：hdfs dfs -get /aaa/jdk.tar.gz

-getmerge

功能：合并下载多个文件

示例：比如 hdfs 的目录 /aaa/ 下有多个文件：log.1,log.2,log.3，…

　　　hdfs dfs -getmerge /aaa/log.* /export/testdata/log.sum

把 /aaa/ 下有多个文件：log.1,log.2,log.3,... 的内容合并到 /export/testdata/log.sum 文件

-put

功能：等同于 copyFromLocal

示例：hdfs dfs -put /export/testdata/log.sum /aaa/bbb/log.sum

-rm

功能：删除文件或文件夹

示例：hdfs dfs -rm -r /aaa/bbb/log.sum

-rmdir

功能：删除空目录

示例：hdfs dfs -rmdir/aaa/bbb/ccc

-df

功能：统计文件系统的可用空间信息

示例：hdfs dfs -df-h /

-du

功能：统计文件夹的大小信息

示例：hdfs dfs-du -s -h /aaa/*

-count

功能：统计一个指定目录下的文件节点数量

示例：hdfs dfs -count /aaa/

-setrep

功能：设置 hdfs 中文件的副本数量

示例：hdfs dfs -setrep 3 /aaa/jdk.tar.gz

2. HDFS 管理命令

hdfs dfsadmin 是 HDFS 中的管理命令，通过该命令可以对 HDFS 进行管理操作，命令选项如代码 2-3 所示。

【代码 2-3】HDFS admin 操作命令一览表。

```
hdfs dfsadmin
[-report [-live] [-dead]  [-decommissioning] [-enteringmaintenance] [-inmaintenance]]
[-safemode <enter | leave | get |  wait | forceExit>]
[-saveNamespace [-beforeShutdown]]
```

```
[-rollEdits]

[-restoreFailedStorage  true|false|check]

[-refreshNodes]

[-setQuota <quota>  <dirname>...<dirname>]

[-clrQuota  <dirname>...<dirname>]

[-setSpaceQuota <quota>  [-storageType <storagetype>] <dirname>...<dirname>]

[-clrSpaceQuota [-storageType  <storagetype>] <dirname>...<dirname>]

[-finalizeUpgrade]

[-rollingUpgrade  [<query|prepare|finalize>]]

[-upgrade <query | finalize>]

[-refreshServiceAcl]

[-refreshUserToGroupsMappings]

[-refreshSuperUserGroupsConfiguration]

[-refreshCallQueue]

[-refresh <host:ipc_port>  <key> [arg1...argn]

[-reconfig <namenode|datanode>  <host:ipc_port> <start|status|properties>]

[-printTopology]

[-refreshNamenodes  datanode_host:ipc_port]

[-getVolumeReport  datanode_host:ipc_port]

[-deleteBlockPool  datanode_host:ipc_port blockpoolId [force]]

[-setBalancerBandwidth <bandwidth in  bytes per second>]

[-getBalancerBandwidth  <datanode_host:ipc_port>]

[-fetchImage <local directory>]

[-allowSnapshot <snapshotDir>]

[-disallowSnapshot <snapshotDir>]

[-shutdownDatanode  <datanode_host:ipc_port> [upgrade]]

[-evictWriters  <datanode_host:ipc_port>]

[-getDatanodeInfo  <datanode_host:ipc_port>]

[-metasave filename]

[-triggerBlockReport [-incremental]  <datanode_host:ipc_port> [-namenode <namenode_host:ipc_port>]]

[-listOpenFiles [-blockingDecommission]  [-path <path>]]

[-help [cmd]]。
```

3. 常见命令

以下将对 HDFS Shell 比较常见的命令做重点介绍。

1) report

report 命令的使用方法如代码 2-4 所示，其可选选项详解如表 2-1 所示。

【代码 2-4】report 命令的使用方法。

```
hdfs dfsadmin -report -[ 可选选项 ]
```

表 2-1　report 命令可选选项详解

可选选项	命令描述
live	筛选运行状态的 DataNode
dead	筛选死亡状态的 DataNode
decommissioning	筛选正在下线状态的 DataNode
enteringmaintenance	筛选进入维护状态的 DataNode
inmaintenance	筛选已经在维护状态的 DataNode

report 命令用于报告基本的文件系统信息和统计信息，可选标志可用于筛选显示的 DataNode 列表。

2) safemode

safemode 命令的使用方法如代码 2-5 所示，其可选选项详解如表 2-2 所示。

【代码 2-5】safemode 命令的使用方法。

```
hdfs dfsadmin -safemode -[ 可选选项 ]
```

表 2-2　safemode 命令可选选项详解

可选选项	命令描述
enter	进入安全模式
leave	离开安全模式
get	获取安全模式状态
wait	等待安全模式
forceExit	强制离开安全模式

safemode 命令是安全模式维护命令。安全模式是一种名称节点状态。在安全模式下，不接受对名称空间的更改 (只读)；不复制或删除块。

在 NameNode 启动时自动进入安全模式，当配置的最小块百分比满足最小复制条件时，自动离开安全模式。如果 NameNode 检测到任何异常，那么它将在安全模式下徘徊，直到问题得到解决。如果该异常是故意操作的结果，则管理员可以使用 -safemode forceExit 退出安全模式。

3) saveNamespace

saveNamespace 命令的使用方法如代码 2-6 所示。

【代码 2-6】saveNamespace 命令的使用方法。

```
hdfs dfsadmin -saveNamespace
```

saveNamespace 命令将当前命名空间保存到存储目录中，并重置编辑日志。该命令需要在 HDFS 的安全模式 (safemode) 下执行。如果命令中用了"beforeShutdown"选项，则 NameNode 执行检查点，当且仅当在一个时间窗口 (可配置的检查点周期数) 内没有执行检查点时。这通常在关闭 NameNode 之前使用，以防止潜在的 fsimage/edits 损坏。

4) rollEdits

rollEdits 命令的使用方法如代码 2-7 所示。

【代码 2-7】rollEdits 命令的使用方法。

```
hdfs dfsadmin -rollEdits
```

rollEdits 命令在 active NameNode 上刷新 Editlog。

5) restoreFailedStorage

restoreFailedStorage 命令的使用方法如代码 2-8 所示，其可选选项详解如表 2-3 所示。

【代码 2-8】restoreFailedStorage 命令的使用方法。

```
hdfs dfsadmin -restoreFailedStorage [ 可选选项 ]
```

表 2-3　restoreFailedStorage 命令可选选项详解

可选选项	命令描述
true	打开自动尝试恢复失败的存储副本
false	关闭自动尝试恢复失败的存储副本
check	当故障文件再次可用时，系统将尝试在 checkpoint 期间恢复 edits 和 fsimage

restoreFailedStorage 命令将打开 / 关闭自动尝试恢复失败的存储复制副本。如果出现故障的存储再次可用，则系统将尝试在检查点期间恢复 fsimage。其中 check 选项将返回当前设置。

6) refreshNodes

refreshNodes 命令的使用方法如代码 2-9 所示。

【代码 2-9】refreshNodes 命令的使用方法。

```
hdfs dfsadmin -refreshNodes
```

refreshNodes 命令重新读取主机并排除文件，以更新允许连接到名称节点的数据节点集以及应停用或重新启用的数据节点。

7) setQuota

setQuota 命令的使用方法如代码 2-10 所示。

【代码 2-10】setQuota 命令的使用方法。

```
hdfs dfsadmin -setQuota <quota> <dirname>…<dirname>
```

setQuota 命令对 HDFS 某些目录设置最大文件数。

8) clrQuota

clrQuota 命令的使用方法如代码 2-11 所示。

【代码 2-11】clrQuota 命令的使用方法。

```
hdfs dfsadmin  -clrQuota<dirname>…<dirname>
```

clrQuota 命令清除对 HDFS 某个目录设置最大文件数。

9) setSpaceQuota

setSpaceQuota 命令的使用方法如代码 2-12 所示。

【代码 2-12】setSpaceQuota 命令的使用方法。

```
hdfs dfsadmin  -setSpaceQuota<quota> [-storageType <storagetype>]<dirname>…<dirname>
```

setSpaceQuota 命令对 HDFS 某些目录设置最大限额空间。

10) clrSpaceQuota

clrSpaceQuota 命令的使用方法如代码 2-13 所示。

【代码 2-13】clrSpaceQuota 命令的使用方法。

```
hdfs dfsadmin  -clrSpaceQuota[-storageType <storagetype>] <dirname>…<dirname>
```

clrSpaceQuota 命令取消对 HDFS 某些目录设置最大限额空间。

2.2.3 HDFS Java API 的使用

本节主要讨论如何通过 Java API 对 HDFS 进行操作。

练习一：通过 Java API 在 HDFS(NameNode IP: 10.0.0.71) 创建一个文件夹，名叫 Daity。

首先用 Idea 创建一个 Maven 项目，具体操作如图 2-13 ～图 2-15 所示。

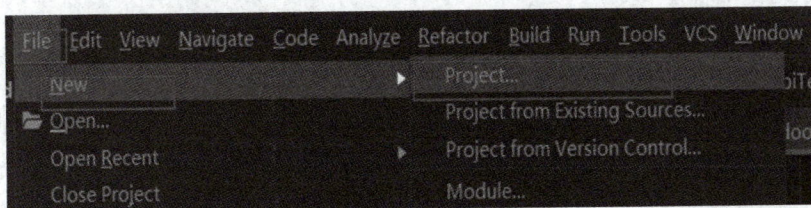

◆ 图 2-13 创建新项目

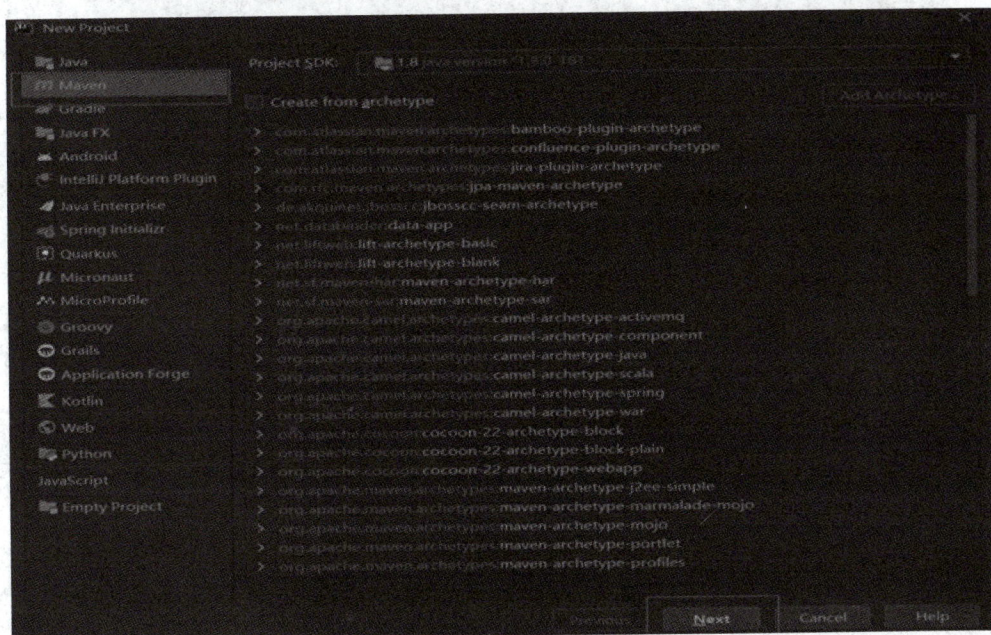

◆ 图 2-14 创建 Maven 项目

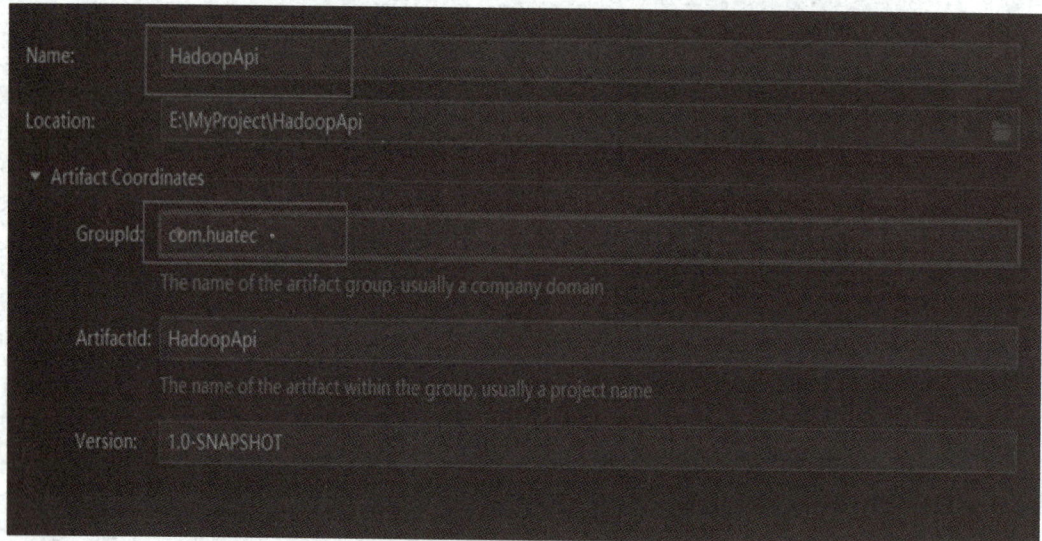

◆ 图 2-15　输入信息

在 Pom 文件写上项目所需要用到的外部依赖包，如代码 2-14 所示。

【代码 2-14】Pom 文件。

```
<?xml version="1.0" encoding="UTF-8"?>
<project xmlns="http://maven.apache.org/POM/4.0.0"
        xmlns:xsi="http://www.w3.org/2001/XMLSchema-instance"
        xsi:schemaLocation="http://maven.apache.org/POM/4.0.0
                    http://maven.apache.org/xsd/maven-4.0.0.xsd">
    <modelVersion>4.0.0</modelVersion>
    <groupId>com.peng.www</groupId>
    <artifactId>hdfs_api</artifactId>
    <version>1.0-SNAPSHOT</version>
    <properties>
        <project.build.sourceEncoding>UTF-8</project.build.sourceEncoding>
        <maven.compiler.source>1.8</maven.compiler.source>
        <maven.compiler.target>1.8</maven.compiler.target>
        <hadoop.version>3.1.1</hadoop.version>
    </properties>
    <!--jar 包的依赖 -->
    <dependencies>
        <!-- 测试的依赖坐标 -->
        <dependency>
            <groupId>junit</groupId>
            <artifactId>junit</artifactId>
            <version>4.11</version>
```

```
      </dependency>
      <!-- 日志打印的依赖坐标 -->
      <dependency>
         <groupId>org.apache.logging.log4j</groupId>
         <artifactId>log4j-core</artifactId>
         <version>2.8.2</version>
      </dependency>

      <!--hadoop 的 java api 的依赖坐标 -->
      <dependency>
         <groupId>org.apache.hadoop</groupId>
         <artifactId>hadoop-common</artifactId>
         <version>${hadoop.version}</version>
      </dependency>
      <!--hadoop 的对 HDFS 分布式文件系统访问的技术支持的依赖坐标 -->
      <dependency>
         <groupId>org.apache.hadoop</groupId>
         <artifactId>hadoop-hdfs</artifactId>
         <version>${hadoop.version}</version>
      </dependency>
      <dependency>
         <groupId>org.apache.hadoop</groupId>
         <artifactId>hadoop-client</artifactId>
         <version>${hadoop.version}</version>
      </dependency>
   </dependencies>
</project>
```

接着使用 Maven 进行项目构建，设置全局参数，导入项目所需要的 jar 包依赖，相关操作代码如代码 2-15 所示。

【代码 2-15】hadoopApiTest 代码。

```
public class hadoopApiTest {
    URI uri;
    FileSystem fileSystem;
    @Before
    public void Before() throws URISyntaxException, IOException,
    InterruptedException {
       uri = new URI("hdfs://10.0.0.71:8020");
       Configuration conf=new Configuration();
```

```
        fileSystem = FileSystem.get(uri, conf, "hadoop");
    }
    @Test
    public void createFile() throws IOException, InterruptedException,
    URISyntaxException {
        boolean newFile = fileSystem.createNewFile(new Path("/daity"));
        System.out.println(newFile?" 成功创建 daity 文件 ":" 创建失败！ ");
    }
}
```

在项目里创建 junit test 类 hadoopApiTest，编写方法 createFile 来创建文件夹。使用 Java 方式实现对 HDFS 的访问，主要通过 Configuration 类和 FileSystem 类来实现。

练习二：通过 Java API 在 HDFS(NameNode IP: 10.0.0.71) 实现上传文件的操作。

在之前的 hadoopApiTest 中添加一个新的方法 uploadFile，实现把本地文件 E:\\jdk8.gz 上传到 HDFS 的根目录下，相关操作代码如代码 2-16 所示。

【代码 2-16】uploadFile 代码。

```
@Test
public void uploadFile() throws IOException, InterruptedException, URISyntaxException {
    fileSystem.copyFromLocalFile(new Path("E:\\jdk8.gz"),new Path("/"));
}
```

练习三：通过 Java API 获取 HDFS(NameNode IP: 10.0.0.71) 的配置信息，相关操作代码如代码 2-17 所示。

【代码 2-17】getConfig 代码。

```
@Test
public void getConfig(){
    System.out.println(conf.get("dfs.replication")+";"+conf.get("fs.defaultFS"));
}
```

在之前的 hadoopApiTest 中添加一个新的方法 getConfig，获取 HDFS 的副本数信息。

练习四：通过 Java API 在 HDFS 的某个文件后面追加数据。

在之前的 hadoopApiTest 中添加一个新的方法 appendFile，在 HDFS 的 /hadoop 文件末尾追加数据，追加的数据信息来源于本地文件 E:\\test.txt，相关操作代码如代码 2-18 所示。

【代码 2-18】 appendFile 代码。

```
@Test
public void appendFile() throws Exception {
    Path path = new Path("/hadoop");
    FileInputStream open = new FileInputStream("E:\\test.txt");
    FSDataOutputStream append = fileSystem.append(path);
    IOUtils.copy(open,append);
}
```

练习五：通过 Java API 读取 HDFS 的某个文件的数据，相关操作代码如代码 2-19 所示。

【代码 2-19】readFile 代码。

```java
@Test
public void readFile() throws Exception {
    Path path = new Path("/daity");
    FSDataInputStream stream = fileSystem.open(path);
    BufferedReader bufferedReader = new BufferedReader(new InputStreamReader(stream));
    StringBuffer sb = new StringBuffer();
    String line = null;
    while ((line = bufferedReader.readLine()) != null){
        sb.append(line);
    }
    bufferedReader.close();
    stream.close();
    System.out.println(sb.toString());
}
```

在之前的 hadoopApiTest 中添加一个新的方法 readFile，读取练习四操作的 /hadoop 文件的数据，并在控制台打印出来。

任务 2.3　MapReduce 开发实战

任务描述

本任务主要学习 Hadoop 的 MapReduce 分布式计算框架的基本概念、编程规范及词频统计实战等内容。从存储的大数据中快速抽取信息，进一步进行数据价值的挖掘，需要用到大数据的分布式计算技术的支持。Hadoop 支持多种语言进行 MapReduce 编程，包括 Java、Python、C++ 等。

本任务从实战的角度出发，使用 Java 编程语言通过一个词频统计案例的编码实现、编译、运行过程介绍了 MapReduce 编程。该程序的主要任务需求是：计算出给定文件中每个单词的出现频次，给定文件中单词和频数之间是用空格分隔的，要求输出结果按照单词的字母进行排序，每个单词及其频数占一行，形成结构化的统计分析结果。

在单机的运算环境下，如果输入文件是 GB 级别以上的，那么统计该文件中单词出现的频数非常耗时。在搭建好的 Hadoop 分布式大数据平台环境下，使用 MapReduce 把计算任务分发到多个节点上并行运算，可以提高词频统计的效率。

2.3.1 MapReduce 简介

MapReduce 的思想核心是"分而治之",适用于处理大量复杂的任务或者大规模数据的场景。MapReduce 可以分为 Map 阶段和 Reduce 阶段。

Map 阶段负责"分",即把复杂的任务分解为若干个"简单的任务"来并行处理。可以进行拆分的前提是这些小任务可以并行计算,彼此间几乎没有依赖关系。

Reduce 阶段负责"合",即对 Map 阶段的结果进行全局汇总。

MapReduce 运行在 YARN 集群上。

Hadoop MapReduce 是一个分布式计算框架,用于编写批处理应用程序。编写好的程序可以提交到 Hadoop 集群上用于并行处理大规模的数据集。

MapReduce 编程使用一组键值对 (key-value pair) 来存储输入和输出数据,键值对的键 (key) 和值 (value) 都必须实现 Hadoop 的 org.apache.hadoop.io.Writable 接口。用户提交的批处理应用程序会在 YARN 上生成一个 MapReduce 作业 (Job),作业通过将目标数据集文件拆分为多个独立的块,再将块转换成一组键值对后,输入到 Map 阶段中以并行的方式进行处理,并对输出的键值对进行排序,然后输入到 Reduce 阶段中进行并行汇总处理。

2.3.2 MapReduce 工作机制

首先介绍 MapReduce 的工作机制,让大家了解在 MapReduce 任务运行的过程中会涉及什么进程,这些进程分别负责什么工作内容。了解了 MapReduce 的运行机制后,才能学习后续的 MapReduce 作业运行机制流程以及 MapReduce 大致工作流程。

1. MapReduce 作业 (Job) 运行机制

MapReduce 作业 (Job) 运行机制整个过程涉及 5 个独立的实体,这 5 个实体分别负责的工作职责如下:

(1) 客户端:提交 MapReduce 作业。

(2) YARN 的进程 Resource Manager:负责协调集群上计算机资源的分配。

(3) YARN 的进程 Node Manager:负责启动和监视集群中机器上的计算容器 (Container)。

(4) MapReduce 的 Application Master(MRAppMaster):负责协调运行 MapReduce 作业任务。它和 MapReduce 任务在容器中运行,这些容器由资源管理器分配并由节点管理器进行管理。

(5) 分布式文件系统 (一般为 HDFS):共享作业文件。

MapReduce 作业 (Job) 运行机制如图 2-16 所示。

接着,我们要了解一下 MapReduce 作业的运行流程。运行流程阐述了一个最简单的 MapReduce 任务从一开始提交到正常结束,一共涉及了多少步骤,每个步骤的工作内容分别是什么,以及分别是由什么进程去处理的。了解 MapReduce 的作业运行流程,有助于我们更加了解 MapReduce 各个进程的任务协调,能够分辨 MapReduce 任务出问题时与哪个流程有关。

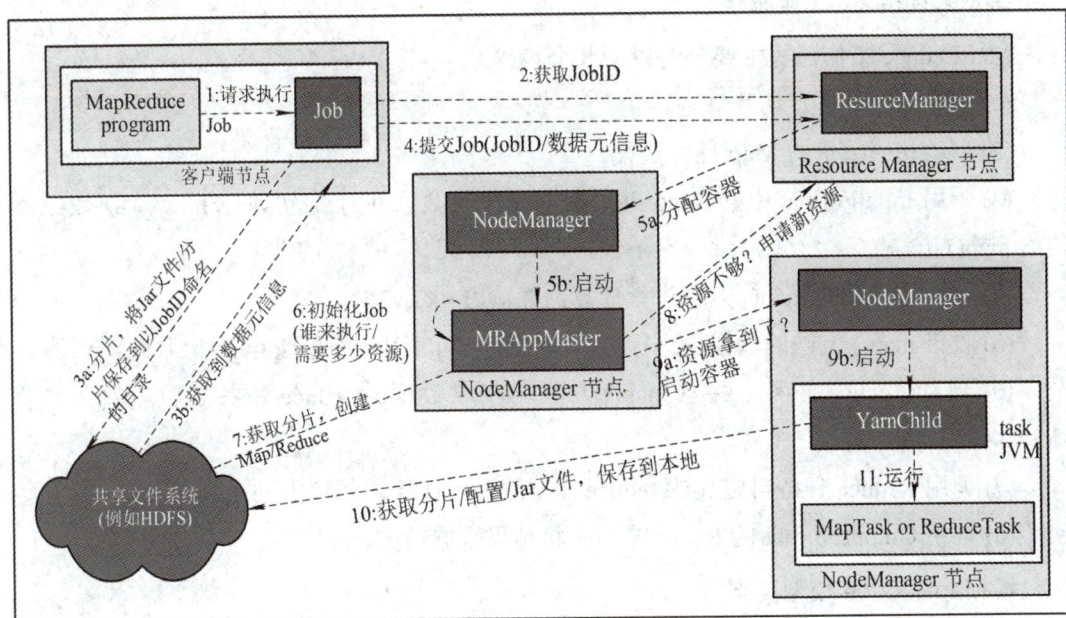

◆ 图 2-16　MapReduce 作业 (Job) 运行机制

2. MapReduce 作业 (Job) 运行流程

(1) Client 请求执行 Job。即调用 Job 的 waitForCompletion()，包括提交 Job，并轮询获取、打印进度。

(2) 向 ResourceManager 请求获取 MapReduce 的 JobID。

(3) 计算输入分片。将运行作业所需的资源 (Jar 文件、配置文件、计算所得分片) 保存到 HDFS 下一个以 JobID 命名的目录下。

(4) 调用 ResourceManager 的 submitApplication() 提交作业，同时传入 (3) 的资源。

(5) ResourceManager 调度器分配一个容器，ResourceManager 在 NodeManager 的管理下，在容器中启动 MRAppMaster。

(6) MRAppMaster 对作业初始化。

(7) MRAppMaster 获取保存在 HDFS 中输入文件的分片，对每个分片创建一个 Map 任务和多个 Reduce 任务对象。

(8) MRAppMaster 决定如何运行作业的各个任务，如果作业很小，就选择在同一个 JVM 上运行。否则，向 ResourceManager 请求新的容器。

(9) 当 ResourceManager 分配了容器时，MRAppMaster 通过节点管理器启动容器。

(10) 从 HDFS 获取作业配置、Jar 文件、分片文件，并本地化资源。

(11) 运行 Map 任务和 Reduce 任务。

下面阐述 MapReduce 的工作流程，了解这个对我们开发一个简单的 MapReduce 任务有很大的帮助。了解 MapReduce 的任务步骤后，才能把一些复杂的数据分析工作拆解成适合 MapReduce 框架的若干子任务。

3. MapReduce 工作流程

MapReduce 工作流程主要分为以下 8 个步骤：

(1) 对输入文件进行切片规划。

(2) 启动相应数量的 Map 任务进程。

(3) 调用 InputFormat 中的 RecordReader，读一行数据并封装为 <k1,v1>，并将 <k1,v1> 传给 map() 方法。

(4) 调用自定义的 map() 方法进行计算，并输出 <k2,v2>。

(5) 收集 map() 方法的输出，进行分区和排序 (shuffle)，生成 <k3,v3>。

(6) 启动 Reduce 任务，并从 map() 方法端获取数据。Reduce 任务获取到输入数据 <k3,v3>。

(7) 调用 Reduce 任务自定义的 reduce () 方法进行计算，并输出 <k4,v4>。

(8) 调用 OutputFormat 的 RecordWriter 将结果数据输出。

4. MapReduce 模型要点

以下是 MapReduce 的模型要点，也是写 MapReduce 代码时需要注意的地方。

(1) MapReduce 的作业 (Job) 包括 Map 阶段和 Reduce 阶段。

(2) Map 阶段的输出即是 Reduce 阶段的输入。

(3) 所有的输入和输出都采用键值对 <key,value> 的形式。其中 <k1,v1> 和 <k2,v2> 表示的是 Map 阶段的输入和输出，<k3,v3> 和 <k4,v4> 表示的是 Reduce 阶段的输入和输出。

(4) k2=k3，v3 是相同键的值的集合。例如，<k2,v2> 存在的 <a,1>，<a,2> 会转换为 <k3,v3> 的 <a,[1,2]>。

(5) Java 的基本类型必须转换为 Hadoop 的数据类型，所有输入和输出的数据类型必须实现 Writable 接口，转换规则如下：

$$Integer \rightarrow IntWritable \qquad Long \rightarrow LongWritable$$

$$String \rightarrow Text \qquad Null \rightarrow NullWritable$$

(6) MapReduce 处理的数据都是 HDFS 的数据 (或 HBase)。

5. MapReduce 作业的进度和状态更新

MapReduce 作业的进度和状态更新如图 2-17 所示。在 Hadoop 系统上批量执行 MapReduce 任务的时候，客户端是通过 MRAppMaster 进程的协调更新知道自己提交的 MapReduce 任务的进度的，具体步骤如下：

(1) Map 任务或 Reduce 任务运行时，向自己的 MRAppMaster 报告进度和状态。

(2) MRAppMaster 形成一个作业的汇聚视图。

(3) 客户端每秒钟轮询一次 MRAppMaster 获取最新状态。

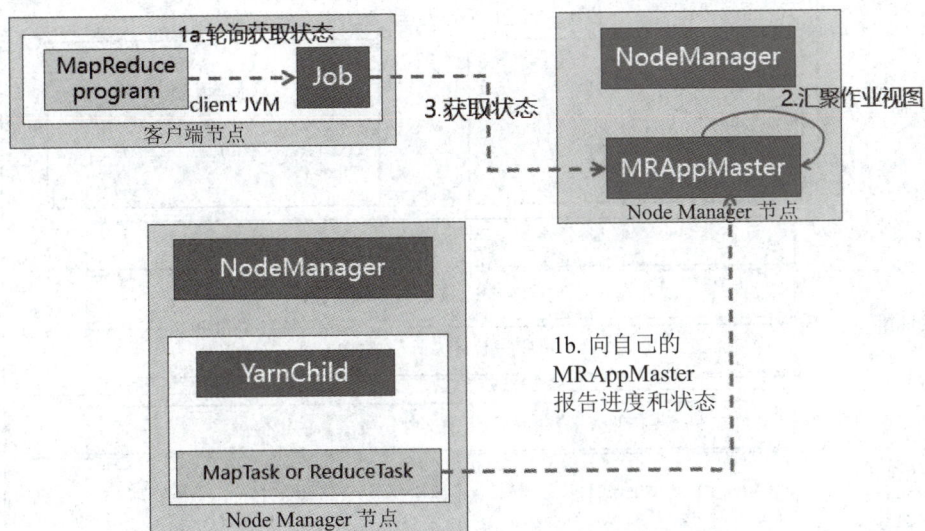

◆ 图 2-17　MapReduce 作业的进度和状态更新

6. Shuffle 过程

Shuffle 过程是 MapReduce 工作流程的核心，也被称为奇迹发生的地方。在 Hadoop MapReduce 中，框架会确保 Reduce 阶段收到的输入数据是按键值排序过的。数据从 Map 阶段输出到 Reduce 阶段接收，是一个很复杂的过程，框架处理了所有问题，并提供了很多配置项及扩展点。一个 MapReduce 的大致数据流如图 2-18 所示。

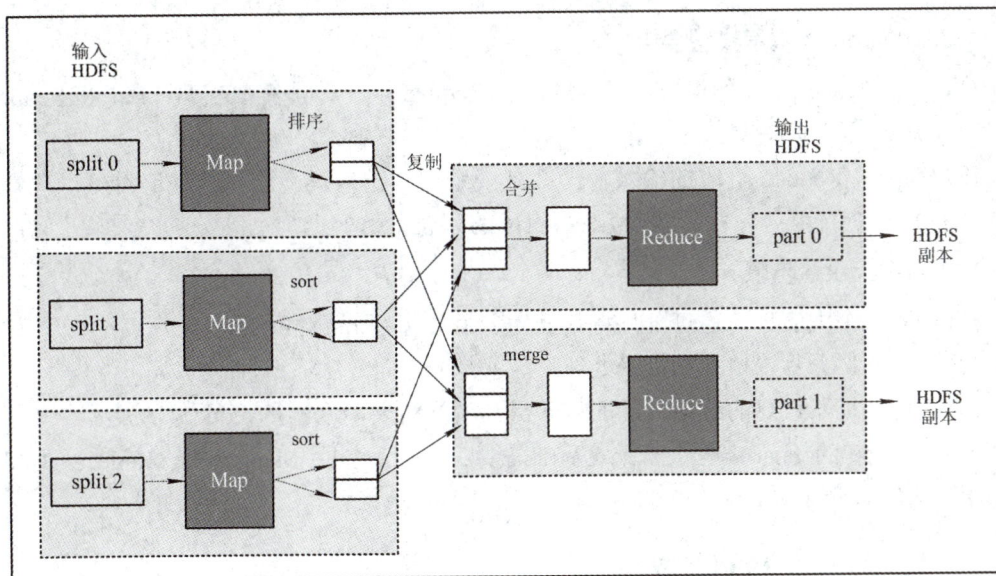

◆ 图 2-18　MapReduce 的数据流

下面以 wordcount 为例（见图 2-19），对 Shuffle 的功能进行展示。

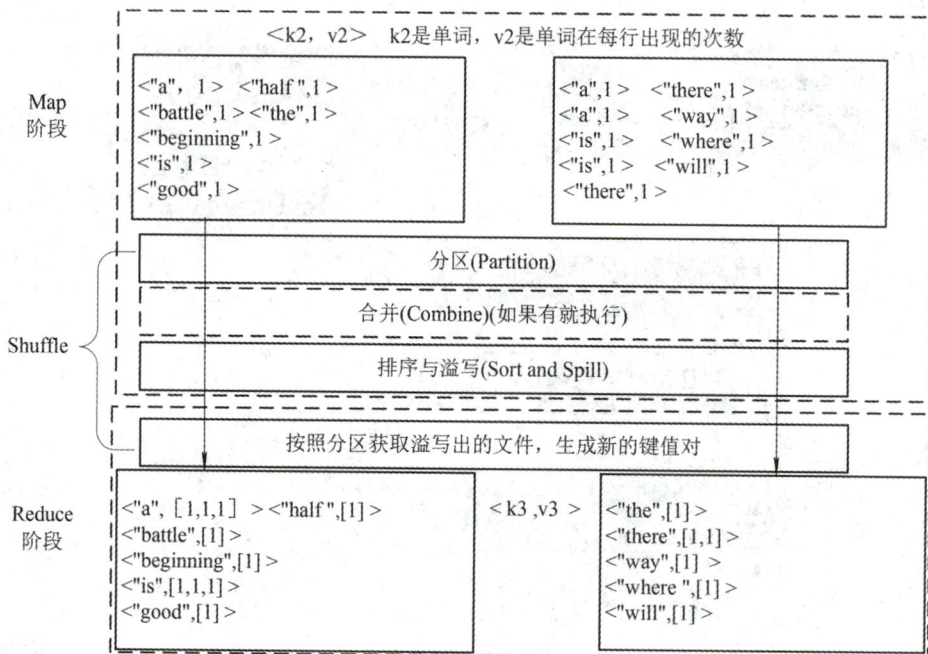

◆ 图 2-19　wordcount 的 Shuffle 过程

从图 2-19 可以看到 Shuffle 对 <k2,v2> 进行了排序，排序能够有效减少 Reduce 阶段的处理时间。

2.3.3　MapReduce 编程模型

1. MapReduce 编程模型要点

(1) MapReduce 由两个阶段组成：Map 和 Reduce。用户只需要实现 Map 和 Reduce，即可完成分布式程序的设计。

(2) Map 和 Reduce 阶段的输入输出都是一系列的键值对。这里的键值对可以理解为 Java 中的 List<Pair<k,v>>，由"键值对"组成的列表。

2. MapReduce 步骤

(1) 输入一个大文件，通过分片将其分为多个分片 (input split)。

(2) 每个文件分片由单独的机器处理，这就是 map() 方法。

(3) 将各个机器计算的结果进行汇总并得到最终结果，这就是 reduce () 方法。

MapReduce 的 Java 编程要点：最基础需要 3 个类，包括 Mapper 类、Reducer 类和带 main() 方法的 Driver 类。

2.3.4　MapReduce 应用实战

1. 词频统计经典案例介绍

这里以词频统计为例介绍 MapReduce 数据处理的流程，如图 2-20 所示。

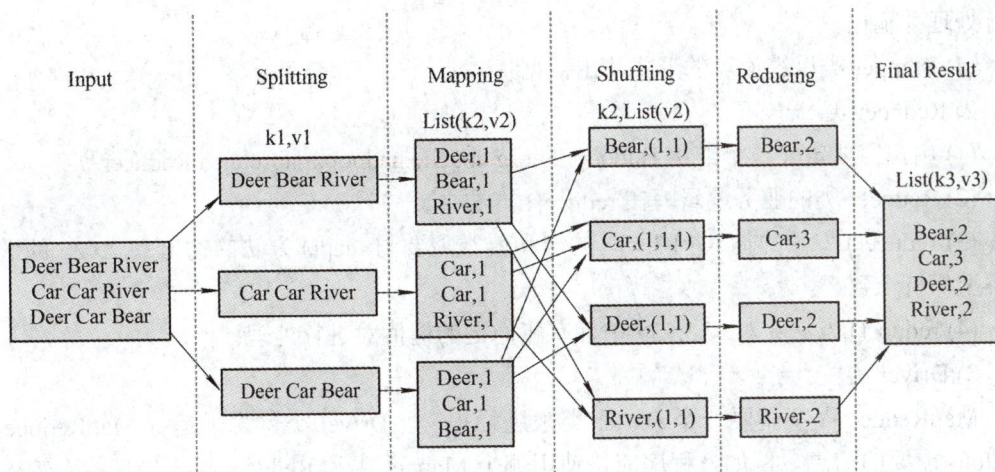

◆ 图 2-20　MapReduce 数据处理的流程

MapReduce 数据处理的流程介绍如下：

(1) Input：读取文本文件。

(2) Splitting：将文件按照行进行拆分，此时得到的 k1 表示行数，v1 表示对应行的文本内容。

(3) Mapping：并行将每一行按照空格进行拆分，拆分得到的 List(k2,v2) 中的 k2 代表每一个单词，由于是做词频统计，所以 v2 的值为 1，代表出现 1 次。

(4) Shuffling：由于 Mapping 操作可能是在不同的机器上并行处理的，所以需要通过 Shuffling 将相同 key 值的数据分发到同一个节点上去合并，这样才能统计出最终的结果。此时得到的 k2 为每一个单词，List(v2) 为可迭代集合。v2 就是 Mapping 中的 v2。

(5) Reducing：这里的案例是统计单词出现的总次数，所以 Reducing 对 List(v2) 进行归约求和操作，最终输出结果。

MapReduce 编程模型中，Splitting 和 Shuffling 操作都是由框架实现的，因此需要我们自己编程实现的只有 Mapping 和 Reducing，这也就是 MapReduce 这个称呼的来源。

2. MapReduce 进程介绍

一个完整的 MapReduce 程序在分布式运行时有以下三类实例进程。

(1) MRAppMaster：负责整个程序的过程调度及状态协调。

(2) MapTask：负责 Map 方法的整个数据处理流程。

(3) ReduceTask：负责 Reduce 方法的整个数据处理流程。

3. MapReduce 编程规范

用户编写的 MapReduce 程序分为三个部分：Mapper 类、Reducer 类和 Driver 类。

1) Mapper 类

(1) 用户需要定义一个继承 Hadoop 的 org.apache.hadoop.mapreduce.Mapper 类。

(2) Mapper 类以键值对的形式作为输入，键和值可自定义类型。

(3) Mapper 类中的业务逻辑写在 map() 方法中，map() 方法会对每一个输入的键值对进行处理并输出。

(4) Mapper 类以键值对的形式输出数据。

2) Reducer 类

(1) 用户需要定义一个继承 Hadoop 的 org.apache.hadoop.mapreduce.Reducer 类。

(2) Reducer 类的业务逻辑写在 reduce() 方法中。

(3) reduce() 方法的输入 <k3,v3> 的键和值类型要与 map() 方法的输出 <k2,v2> 的键和值类型保持一致。

(4) reduce() 方法会对 <k3,v3> 中拥有相同键的键值对进行处理。

3) Driver 类

MapReduce 程序需要一个 Drvier 类来进行提交，Driver 类包含了运行 MapReduce 作业 (Job) 需要的信息。例如，程序应该使用哪个 Mapper 类和 Reducer 类，如何找到输入数据，如何处理输出格式等。

4. 词频统计经典案例的实现

需求：在一个给定的文本文件中统计输出每一个单词出现的总次数。

1) 分析数据准备

(1) 创建一个新的文件，如代码 2-20 所示。

【代码 2-20】创建 big.txt 文本文件。

```
cd /export/testdata

vim big.txt
```

(2) 向代码 2-20 中放入以下内容并保存，单词之间有一个空格，如代码 2-21 所示。

【代码 2-21】编辑 big.txt 文本内容。

```
Hello world hadoop

Hive sqoop flume hello

Kitty tom jerry world

hadoop
```

(3) 上传 big.txt 到 HDFS，如代码 2-22 所示，查询上传的结果如图 2-21 所示。

【代码 2-22】上传 big.txt 到 HDFS。

```
hadoop fs -mkdir -p /wordcount/input

hadoop fs -copyFromLocal big.txt /wordcount/input/big.txt
```

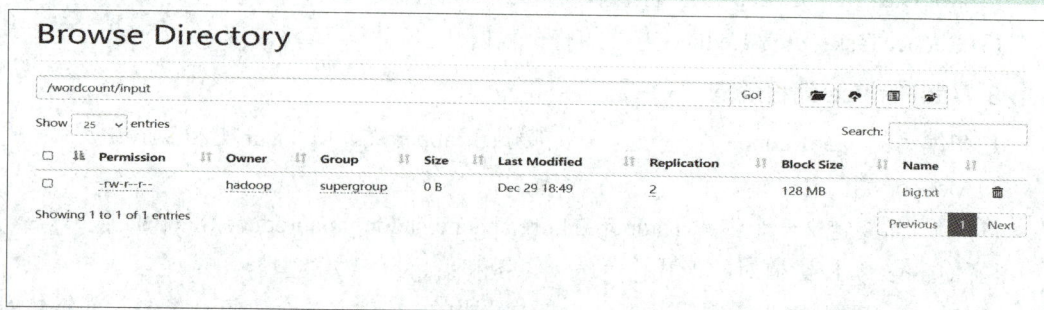

Browse Directory

/wordcount/input

Show 25 entries   Search:

	Permission	Owner	Group	Size	Last Modified	Replication	Block Size	Name	
☐	-rw-r--r--	hadoop	supergroup	0 B	Dec 29 18:49	2	128 MB	big.txt	🗑

Showing 1 to 1 of 1 entries   Previous 1 Next

◆ 图 2-21　上传 big.txt 到 HDFS

2) 创建 Maven 项目

使用 Maven 进行项目构建，设置全局参数，导入项目所需要的 jar 包依赖，代码如代码 2-23 所示。

【代码 2-23】Pom 文件。

```xml
<?xml version="1.0" encoding="UTF-8"?>
<project xmlns="http://maven.apache.org/POM/4.0.0"
xmlns:xsi="http://www.w3.org/2001/XMLSchema-instance"
xsi:schemaLocation="http://maven.apache.org/POM/4.0.0
http://maven.apache.org/xsd/maven-4.0.0.xsd">
<modelVersion>4.0.0</modelVersion>

<groupId>com.peng.www</groupId>
<artifactId>hdfs_api</artifactId>
<version>1.0-SNAPSHOT</version>

<!-- 全局参数的设置 -->
<properties>
<!-- 设置项目的编码为 UTF-8-->
<project.build.sourceEncoding>UTF-8</project.build.sourceEncoding>
<!-- 使用 java8 进行编码 -->
<maven.compiler.source>1.8</maven.compiler.source>
<!-- 使用 java8 进行源码编译 -->
<maven.compiler.target>1.8</maven.compiler.target>
<!-- 设置 hadoop 的版本 -->
<hadoop.version>3.1.1</hadoop.version>
</properties>
<!--jar 包的依赖 -->
<dependencies>
    <!-- 测试的依赖坐标 -->
    <dependency>
        <groupId>junit</groupId>
        <artifactId>junit</artifactId>
        <version>4.11</version>
    </dependency>
    <!-- 日志打印的依赖坐标 -->
    <dependency>
        <groupId>org.apache.logging.log4j</groupId>
        <artifactId>log4j-core</artifactId>
```

```
          <version>2.8.2</version>
        </dependency>
<!--hadoop 的通用模块的依赖坐标 -->
<dependency>
<groupId>org.apache.hadoop</groupId>
<artifactId>hadoop-common</artifactId>
<version>${hadoop.version}</version>
</dependency>
<!--hadoop 的对 HDFS 访问的技术支持的依赖坐标 -->
<dependency>
<groupId>org.apache.hadoop</groupId>
<artifactId>hadoop-hdfs</artifactId>
        <version>${hadoop.version}</version>
</dependency>
<!--hadoop 的客户端访问的依赖坐标 -->
<dependency>
<groupId>org.apache.hadoop</groupId>
<artifactId>hadoop-client</artifactId>
<version>${hadoop.version}</version>
      </dependency>
</dependencies>


</project>
```

3) Mapper 类代码编写

Mapper 类代码编写体现了该类的整个数据处理流程的业务逻辑，如代码 2-24 所示。

【代码 2-24】Mapper 类代码。

```
package com.peng.mapreduce;

import org.apache.hadoop.io.IntWritable;
import org.apache.hadoop.io.LongWritable;
import org.apache.hadoop.io.Text;
import org.apache.hadoop.mapreduce.Mapper;
import java.io.IOException;

/**
 * @author peng_it_2011
 * WcMapTask 作用：体现 MapReduce 的 Mapper 类数据处理的过程
 * <KEYIN, VALUEIN, KEYOUT, VALUEOUT>
 *KEYIN：输入参数 key 的数据类型
```

*VALUEIN：输入参数 value 的数据类型

*KEYOUT：输出参数 key 的数据类型

*VALUEOUT：输出参数 value 的数据类型

* 数据类型：

*java 数据类型　　　　　hadoop 的数据类型

*int---------------------- > IntWritable

*long------------------- > LongWritable

*String----------------- > Text

*hadoop 的数据类型都实现了序列化和反序列化的处理

* 序列化：将内存的对象转换成硬盘的字节文件

* 反序列化：将硬盘的字节文件转换成内存的对象

*/

```java
public class WcMapTask extends  Mapper<LongWritable,Text, Text, IntWritable> {
/**
* map() 方法：体现 MapReduce 的 Mapper 类数据处理的逻辑算法
* @param key：输入数据的 key 值，例如行偏移量
* @param valu：输入数据的 value 值，例如行偏移量对应的行内容
* @param context MapReduce 上下文对照。在经过 map() 方法处理后，可以利用该对象向 Shuffling
阶段推送数据
* @throws IOException
* @throws InterruptedException
*/
@Override
protected void map(LongWritable key, Text value, Context context)  throws
IOException, InterruptedException {
String line = value.toString();
String[] words = line.split(" ");
    for(String word : words){
        context.write(new Text(word),new  IntWritable(1));
    }


    }
}
```

4) Reducer 类代码编写

Reducer 类代码编写体现了该类的整个数据处理流程的业务逻辑，如代码 2-25 所示。

【代码 2-25】Reducer 类代码。

```java
package com.peng.mapreduce;
```

```java
import org.apache.hadoop.io.IntWritable;
import org.apache.hadoop.io.Text;
import org.apache.hadoop.mapreduce.Reducer;

import java.io.IOException;

/**
 * @author peng_it_2011
 * WcReduceTask 作用：体现 MapReduce 的 Reducer 类数据处理的过程
 * <KEYIN, VALUEIN, KEYOUT, VALUEOUT>
 *KEYIN：输入参数 key 的数据类型
 *VALUEIN：输入参数 value 的数据类型
 *KEYOUT：输出参数 key 的数据类型
 *VALUEOUT：输出参数 value 的数据类型
 **/
public class WcReduceTask extends  Reducer<Text, IntWritable,Text,IntWritable> {
/**
* reduce: 体现 MapReduce 的 Reducer 类数据处理的逻辑算法
* @param key 单词："hadoop"
* @param values 单词的次数的集合 eg：[1,1]
* @param context 经过 reduce() 方法处理后，使用 context 对象向 Final Result 类进行数据推送
* @throws IOException
* @throws InterruptedException
*/
@Override
protected void reduce(Text key, Iterable<IntWritable> values,  Context context)
throws IOException, InterruptedException {
int count = 0;
for(IntWritable value:values){
        count+= value.get();
        }
        context.write(key,new IntWritable(count));
    }
}
```

5) Driver 类代码编写

整个 MapReduce 程序需要一个 Driver 类来进行提交，提交的是一个描述了各种必要信息的 Job 对象，如代码 2-26 所示。

【代码 2-26】Driver 类代码。

```java
package com.peng.mapreduce;

import org.apache.hadoop.conf.Configuration;
import org.apache.hadoop.fs.Path;
import org.apache.hadoop.io.IntWritable;
import org.apache.hadoop.io.Text;
import org.apache.hadoop.mapreduce.Job;
import org.apache.hadoop.mapreduce.lib.input.FileInputFormat;
import org.apache.hadoop.mapreduce.lib.output.FileOutputFormat;

/**
 * @author peng_it_2011
 * WcMrJob 作用：对一整个数据处理的过程进行描述，包括：
 * setMapperClass 指定程序运行的 Mapper 类
 * setReducerClass 指定程序运行的 Reducer 类
 * setInputPaths 指明输入文件的路径
 * setOutputPaths 指明输出文件的路径
 */
public class WcMrJob {
    public static void main(String[] args) throws Exception {
        Configuration configuration = new Configuration();
        Job job = Job.getInstance(configuration);
        // 设置 Driver 类
        job.setJarByClass(WcMrJob.class);


        // 指定程序运行的 Mapper 类
        job.setMapperClass(WcMapTask.class);
        // 指定程序运行的 Reducer 类
        job.setReducerClass(WcReduceTask.class);


        // 设置 Map 类输出的 (key，value) 的数据类型
        job.setMapOutputKeyClass(Text.class);
        job.setMapOutputValueClass(IntWritable.class);
        // 设置 Reduce 类输出的 (key，value) 的数据类型
        job.setOutputKeyClass(Text.class);
        job.setOutputValueClass(IntWritable.class);
```

```
        // 指定要处理的数据文件所在的位置
        FileInputFormat.setInputPaths(job, "hdfs://10.0.0.71:8020/wordcount/input/big.txt");
        // 指定处理之后的结果数据保存位置
        FileOutputFormat.setOutputPath(job,new
        Path("hdfs://10.0.0.71:8020/wordcount/output"));

        // 向 YARN 资源调度平台提交 job 对象，并设置 job 一直运行，直到数据处理完毕
        boolean res = job.waitForCompletion(true);
        /* 如果运行完 res 为 true，则通过条件判断函数 res?0:1 的结果是否为 0，若为 0，则退出虚拟机，
结束任务 */
        System.exit(res?0:1);
    }

}
```

6) 项目打包

使用 Maven 项目构建工具的生命周期管理功能，将项目打包成 jar 包，如代码 2-27 所示。

【代码 2-27】mvn 打包命令。

```
mvn compile package -Dmaven.test.skip=true
```

7) MapReduce 作业运行

采用集群运行模式有以下三个重要细节：

(1) 将 MapReduce 程序提交给 YARN 集群，分发到许多的节点上并发执行。

(2) 处理的数据和输出结果应该位于 HDFS。

(3) 提交集群的实现步骤为将程序打成 jar 包，然后在集群的任意一个节点上用 Hadoop 命令启动。

运行 Hadoop 作业的步骤如下：

(1) 将打包好的 mapreduce_wordcount-1.0-SNAPSHOT.jar 上传到 nodea 机器的 /export/ software 目录，如代码 2-28 所示。

【代码 2-28】上传 jar 包到指定目录。

```
cd /export/softwares/
rz -E
```

(2) 运行 MapReduce 程序，如代码 2-29 所示。

【代码 2-29】运行 MapReduce 程序。

```
hadoop jar  mapreduce_wordcount-1.0-SNAPSHOT.jar com.peng.mapreduce.WcMrJob
```

(3) 查看生成的结果文件，如代码 2-30 所示。

【代码 2-30】查看生成的结果文件。

```
hadoop fs -ls /wordcount/output
```

(4) 查看统计结果，如代码 2-31 所示。

【代码 2-31】查看统计结果。

```
hadoop fs -cat  /wordcount/output/part-r-00000
```

项 目 总 结

通过本项目的学习，对 Hadoop 的体系结构、基本原理、Shell 操作及 API 接口调用有了系统性的认识和分析。了解了 Hadoop 有哪些文件系统，HDFS 的内部是如何进行数据的存储和读取的，并通过 Shell 接口操作 (操作命令和管理命令) 和 Java API 接口操作演示了文件的上传和下载功能。本项目的技能图谱如图 2-22 所示。

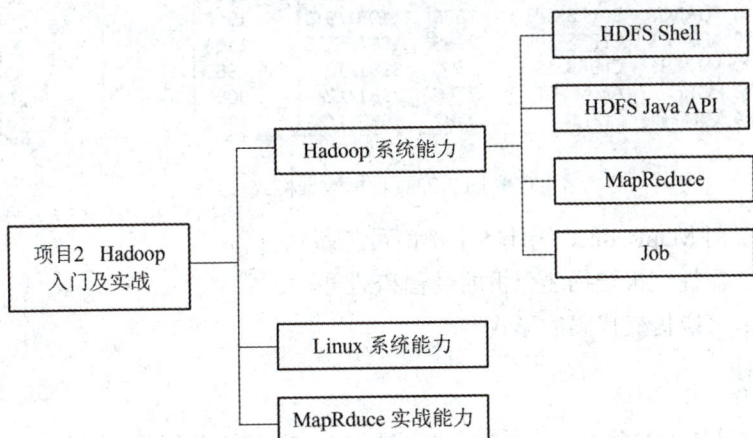

◆ 图 2-22　项目 2 技能图谱

思 考 与 练 习

1. 什么是 HDFS?

2. 什么是 HDFS 的 edits、fsimage?

3. 什么是 HDFS 的联邦机制 (Federation)?

4. NameNode、DataNode、Secondary NameNode 的职责分别是什么？

5. 参考 Hadoop 官网，尝试其他的 HDFS Shell 操作。

6. 简述 MapReduce 工作机制 (结合 YARN 理解 MapReduce)。

7. 简述 MapReduce 编程模型。

8. 简述 MapReduce 工作流程和模型要点。

拓 展 训 练

在项目 1 的任务 1.2 中我们搭建了 Hadoop 完全分布式环境，并能把数据分析的目标文件上传到 HDFS 里存储。现在有一份数据，格式如图 2-23 所示。

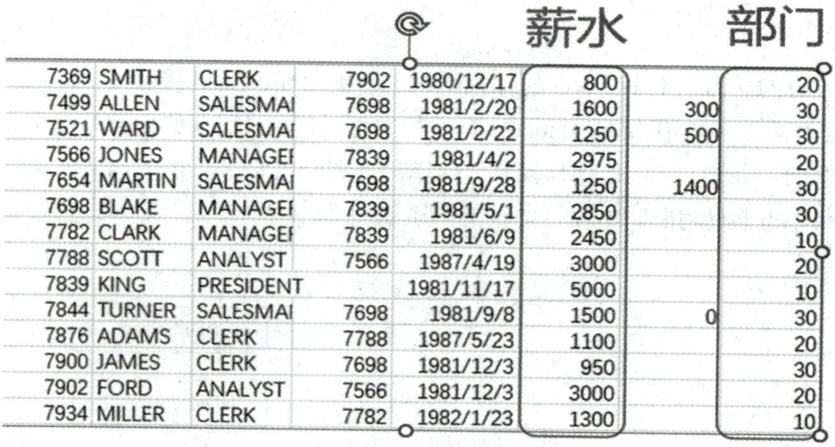

					薪水		部门
7369	SMITH	CLERK	7902	1980/12/17	800		20
7499	ALLEN	SALESMAI	7698	1981/2/20	1600	300	30
7521	WARD	SALESMAI	7698	1981/2/22	1250	500	30
7566	JONES	MANAGEI	7839	1981/4/2	2975		20
7654	MARTIN	SALESMAI	7698	1981/9/28	1250	1400	30
7698	BLAKE	MANAGEI	7839	1981/5/1	2850		30
7782	CLARK	MANAGEI	7839	1981/6/9	2450		10
7788	SCOTT	ANALYST	7566	1987/4/19	3000		20
7839	KING	PRESIDENT		1981/11/17	5000		10
7844	TURNER	SALESMAI	7698	1981/9/8	1500	0	30
7876	ADAMS	CLERK	7788	1987/5/23	1100		20
7900	JAMES	CLERK	7698	1981/12/3	950		30
7902	FORD	ANALYST	7566	1981/12/3	3000		20
7934	MILLER	CLERK	7782	1982/1/23	1300		10

◆ 图 2-23　目标数据格式

训练要求：用 MapReduce 统计各个部门员工薪水总和。

训练结果：需提交报告描述分析的过程和结果。

考核方式：采取提交代码的形式。

评价标准：

(1) 按部门对员工的薪水进行加总，要求用 MapReduce 代码来完成。

(2) 编写 Mapper 类代码，进行每行数据的字段拆分。

(3) 编写 Reducer 类代码，对各个部门的员工薪水进行加总。

(4) 新建 Job 任务，可以在代码中直接指定输入和输出路径，也可以在执行 hadoop jar 命令的时候动态指定。

项目 3 Hive 数据分析

▶▶▶ 项目引入

Hadoop 的 HDFS 技术能很好地实现数据分布式存储的构想，MapReduce 能实现自定义数据处理逻辑，但对于刚入职的实习助理 ——王海鸥，在整理马克关于词频统计的 MapReduce 源代码时，还是会感到懵，然后提出了疑问：有没有更方便简单的方式能实现呢？

王海鸥：您的代码我理解起来还是会感到吃力，有没有更简便的方式让我实现数据的分析操作呢？

马克：可以使用 Hive 技术，一种如 SQL 的操作。

▶▶▶ 任务目标

(1) 了解 Hive。
(2) 掌握 Hive 的部署和实战。

▶▶▶ 知识图谱

本项目的知识图谱如图 3-1 所示。

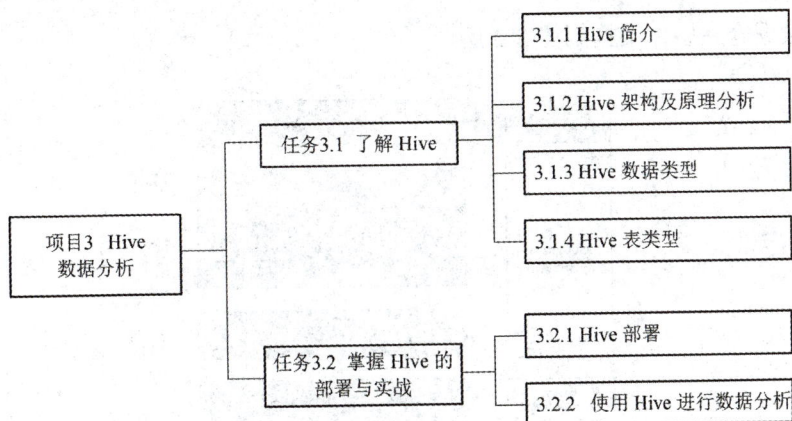

◆ 图 3-1　项目 3 知识图谱

任务 3.1　了解 Hive

>>> 任务描述

对庞杂的数据进行数据分析，若使用 MapReduce 编程操作，一方面代码实现起来烦琐，思路逻辑易混乱，会给开发人员带来压力与困扰；另一方面，不利于团队协作与代码交流。而 Hive 用于将结构化的数据映射成一张数据库表，并提供 HQL 语法进行数据查询、数据分析等功能，HQL 语句会自动转化为对应的 MapReduce 任务去执行。我们将在本任务中了解 Hive 的特点、架构体系及原理，熟悉 Hive 的数据类型并掌握 Hive 的表类型，为下一任务的实战打下基础。

3.1.1　Hive 简介

Hive 是一个构建在 Hadoop 之上的数据仓库，它可以将结构化的数据文件映射成表，并提供类似 SQL 语法的指令操作，用于查询的 SQL 语句会被转化为 MapReduce 作业，然后提交到 Hadoop 上运行。

Hive 的特点如下：

(1) 简单、容易上手 (提供了类似 SQL 的查询语言 HQL)，使得精通 SQL 但是不了解 Java 编程的人也能很好地进行大数据分析。

(2) 灵活性高，可以自定义用户函数 (UDF) 和存储格式。

(3) 为超大的数据集设计的计算和存储能力，集群扩展容易。

(4) 统一的元数据管理，可与 Presto、Impala、Spark SQL 等共享数据。

(5) 执行延迟高，不适合做数据的实时处理，但适合做海量数据的离线处理。

3.1.2　Hive 架构及原理分析

Hive 数据仓库整体架构如图 3-2 所示。

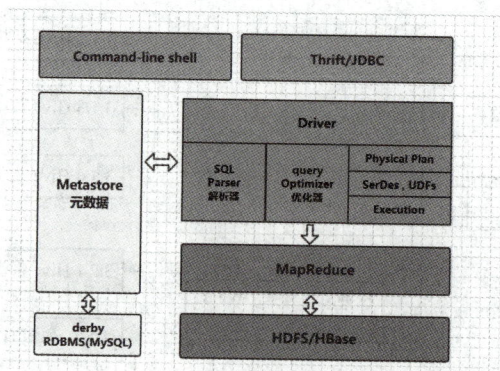

◆ 图 3-2　Hive 数据仓库整体架构图

可以用 Command-line shell 和 Thrift/JDBC 两种方式来操作数据。

(1) Command-line shell：通过 Hive 命令行的方式操作数据。

(2) Thrift/JDBC：通过 Thrift 协议按照标准的 JDBC 的方式操作数据。

在 Hive 中，表名、表结构、字段名、字段类型、表的分隔符等统一被称为元数据 Metastore。所有的元数据默认存储在 Hive 内置的 derby 数据库中，但由于 derby 只能有一个实例，也就是说不能有多个命令行客户端同时访问，所以在实际生产环境中通常使用 MySQL 代替 derby 数据库。

Hive 进行的是统一的元数据管理，在 Hive 上创建一张表，可以在 Presto、Impala、Spark SQL 中直接使用，它们会从 Metastore 中获取统一的元数据信息。同样的，在 Presto、Impala、Spark SQL 中创建一张表，在 Hive 中也可以直接使用。

Hive 在执行一条 HQL 时会经过以下步骤：

(1) 语法解析。Antlr 定义 HQL 的语法规则，完成 SQL 词法、语法解析，将 SQL 转化为抽象语法树 (AST Tree) 的指令形式。

(2) 语义解析。遍历 AST Tree，抽象出查询的基本组成单元 QueryBlock。

(3) 生成逻辑执行计划。遍历 QueryBlock，翻译为执行操作树 OperatorTree。

(4) 优化逻辑执行计划。逻辑层优化器进行 OperatorTree 变换，合并不必要的 ReduceSinkOperator，减少 Shuffle 数据量。

(5) 生成物理执行计划。遍历 OperatorTree，翻译为 MapReduce 任务。

(6) 优化物理执行计划。物理层优化器进行 MapReduce 任务的变换，生成最终的执行计划。

3.1.3　Hive 数据类型

Hive 支持原子数据类型和复杂数据类型。原子数据类型包括数值型、时间日期型、字符型、布尔型等。复杂数据类型包括数组、key-value 及结构体等，具体见表 3-1～表 3-5。需要注意的是，表中显示的是它们在 HQL 中使用的形式，而不是它们在表中序列化存储的格式。

表 3-1　数　值　型

类　型	描　　　述
tinyint	占用 1 个字节的 int 类型，存储数据范围为 $-128 \sim 127$，后缀为 Y，如 100Y
smallint	占用 2 个字节的 int 类型，存储数据范围为 $-32\,768 \sim 32\,767$，后缀为 S，如 100S
int/integer	占用 4 个字节的 int 类型，存储数据范围为 $-2\,147\,483\,648 \sim 2\,147\,483\,647$，后缀为 L，如 100L
bigint	占用 8 个字节的 int 类型，存储数据范围为 $-9\,223\,372\,036\,854\,775\,808 \sim 9\,223\,372\,036\,854\,775\,807$
float	单精度浮点类型
double	双精度浮点类型
decimal	一个 decimal 类型的数据占用 $2 \sim 17$ 个字节，存储数据范围为 $-10^{38} \sim 10^{38}-1$ 的固定精度和小数位的数字

表 3-2　时 间 日 期 型

类 型	描　　述
timestamp	时间戳类型，可以指定格式为 YYYY-MM-DD HH：MM：SS.ffffffff(9 位小数位精度)
date	date 值描述特定的年 / 月 / 日，格式为 YYYY-MM-DD，如 DATE 2013-01-01

表 3-3　字 符 型

类 型	描　　述
string	字符串类型，字符串文字可以用单引号 (') 或双引号 (") 表示
varchar	字符串类型，字符串长度为 1 ～ 65 355
char	字符类型与 varchar 类似，但它们是固定长度的，长度为 1 ～ 255

表 3-4　其 他 类 型

类 型	描　　述
boolean	布尔类型
binary	二进制类型，它可以将输入的结果转换为二进制，也可以将结果以二进制的格式返回

表 3-5　复 杂 类 型

类 型	描　　述
arrays	数组类型，一组有序字段
maps	集合类型，一组无序的键值对
structs	结构体类型，一组命名的字段
union	联合体类型，在有限取值范围内的一个值

3.1.4　Hive 表类型

Hive 表类型如表 3-6 所示。

表 3-6　Hive 表类型

表类型	创建表格语句
内部表 ——table	create table inner_table(key type);
分区表 ——partition	create table partition_table(key type) partitioned by(partition type) row format delimited fields terminated by '\t';
外部表 ——external	create external table external_table (key type) row format delimited fields terminated by '\t' location '<hdfs url>';
桶表 ——bucket	create table bucket_table(key type) clustered by(id) into n buckets;

任务 3.2　Hive 部署与实战

任务描述

本次任务我们将搭建 Hive 测试环境，并向大家展示 Hive 是如何进行数据分析的。我们知道 HQL 是会转换为对应的 MapReduce 任务去执行的，而 MapReduce 的经典示例莫过于 wordcount 了，所以我们接下来将部署好 Hive，然后通过 Hive 的方式去实现 wordcount 功能。

3.2.1　Hive 部署

这里选用的 Hive 版本是 3.1.2 这个 bin 版本，可以兼容对应的 Hadoop 的版本，下载地址为 http://archive.apache.org/dist/hive/hive-3.1.2/apache-hive-3.1.2-bin.tar.gz。

下载之后，将安装包上传到第一台机器的 /opt 目录中，同时在第一台虚拟机在线安装 MySQL。

(1) 使用 hadoop 用户登录 nodea 节点，如代码 3-1 所示。

【代码 3-1】使用 hadoop 用户登录。

```
su hadoop
```

(2) Hive 的安装需要依赖 MySQL 或 MariaDB，这里选择 MariaDB。需要提前安装 MariaDB 数据库，如果安装失败则检查源配置文件 /etc/yum.repos.d/local.repo 或者光盘是否挂载成功，如代码 3-2 所示。

【代码 3-2】下载 MariaDB 和 mariadb-server。

```
sudo yum install mariadb mariadb-server
```

(3) 启动 MariaDB 并设置为开机启动，如代码 3-3 所示。

【代码 3-3】开启 MariaDB 服务并开机自启。

```
sudo systemctl start mariadb
sudo systemctl enable mariadb
```

(4) 使用 MariaDB 的安全安装选项，如代码 3-4 所示。

【代码 3-4】使用 MariaDB 的安全安装选项。

```
mysql_secure_installation
```

以下代码为弹出选项的输入值：

```
Enter current password for root (enter for none): 回车
Set root password? [Y/N] Y
New password: 123456
```

```
Re-enter new password:123456

Remove anonymous users? [Y/N] Y

Disallow root login remotely? [Y/N] Y

Remove test database and access to it? [Y/N] Y

Reload privilege tables now? [Y/N] Y
```

（5）测试使用 root 账户登录 MariaDB，密码为 123456，相关操作代码如代码 3-5 所示。

【代码 3-5】登录 MySQL。

```
mysql -u root -p
```

注意此处设置的简单密码仅为方便实验实施，工作环境请勿设置简单密码！

（6）登录进入 MariaDB 以后执行代码 3-6 的内容。

【代码 3-6】执行 HQL 语句。

```
-- 创建 hive 数据库
create database hive CHARACTER SET utf8 COLLATE utf8_general_ci;
-- 创建 hive 用户并授权
create user 'hive'@'localhost' identified by 'hive123456';
create user 'hive'@'%' identified by 'hive123456';
grant all on hive.* to 'hive'@'localhost';
grant all on hive.* to 'hive'@'%';
exit
```

（7）退出 MariaDB 命令行，使用 hive 用户进行登录，登录以后查看是否有 hive 这个库，相关操作代码如代码 3-7 所示。

【代码 3-7】使用 hive 用户登录。

```
mysql hive -uhive -p
```

查看是否有 hive 这个库，如代码 3-8 所示。

【代码 3-8】查看 hive 数据库。

```
use hive
```

退出数据库的代码如代码 3-9 所示。

【代码 3-9】退出数据库。

```
exit;
```

（8）退出 MariaDB 命令行，切换到系统 root 用户，相关操作如代码 3-10 所示。

【代码 3-10】切换 root 用户。

```
su
```

（9）增加 Hive 相关环境变量设置，需要 root 权限执行，相关操作代码如代码 3-11 所示。

【代码 3-11】修改配置文件。

```
echo "export HIVE_HOME=/opt/hive
export PATH=\$HIVE_HOME/bin:\$PATH" >>/etc/profile
```

(10) 新增 MariaDB 配置，需要 root 权限执行，相关操作代码如代码 3-12 所示。

【代码 3-12】修改配置文件。

```
echo '[client]
default-character-set=utf8
[mysqld]
bind-address = 0.0.0.0
default-storage-engine = innodb
innodb_file_per_table
max_connections = 4096
collation-server = utf8_general_ci
character-set-server = utf8
wait_timeout = 600
max_allowed_packet = 64M
sql_mode=NO_BACKSLASH_ESCAPES
[mysql]
default-character-set=utf8' >/etc/my.cnf.d/hive.cnf
```

(11) 切换到系统 hadoop 用户，如代码 3-13 所示。

【代码 3-13】切换 hadoop 用户。

```
su hadoop
```

(12) 查看环境变量的输出是否正确，相关操作代码如代码 3-14 和代码 3-15 所示。

【代码 3-14】使配置文件生效并输出变量值。

```
source /etc/profile
echo $HIVE_HOME
```

【代码 3-15】查看输出结果。

```
/opt/hive
```

(13) 重启 MariaDB，如代码 3-16 所示。

【代码 3-16】重启 MariaDB 服务。

```
sudo systemctl restart mariadb
```

(14) 查看进程和端口是否正常，如代码 3-17 所示。

【代码 3-17】查看进程和端口。

```
sudo netstat -tulpn|grep mysql
```

正常会输出进程信息，类似如代码 3-18 所示的内容。

【代码 3-18】查看输出信息。

```
tcp 0  0 0.0.0.0:3306  0.0.0.0:* LISTEN  2152/mysqld
```

(15) 使用 hadoop 用户上传 Hive 安装文件 apache-hive-3.1.2-bin.tar.gz 到 /home/hadoop 并解压，如代码 3-19 所示。

【代码 3-19】切换目录并解压文件。

```
cd ~
tar -xvf apache-hive-3.1.2-bin.tar.gz
```

（16）创建 Hive 安装目录，并拷贝文件到安装目录，如代码 3-20 所示。

【代码 3-20】创建文件夹、设置文件夹属性和拷贝文件。

```
sudo mkdir -p /opt/hive
sudo chown hadoop:wheel /opt/hive
mv ~/apache-hive-3.1.2-bin/* /opt/hive
```

（17）上传 MariaDB 驱动 mariadb-java-client-2.7.2.jar 到 /opt/hive/lib/ 目录下。

（18）修改 hive-site.xml 配置文件，如代码 3-21 所示。

【代码 3-21】修改 hive-site.xml 配置文件。

```
cd /opt/hive/conf/
vi hive-site.xml
```

（19）加入代码 3-22 所示的内容。

【代码 3-22】添加配置信息。

```xml
<?xml version="1.0" encoding="utf-8" standalone="no"?>
<?xml-stylesheet type="text/xsl" href="configuration.xsl"?>
<configuration>
 <!-- 数据库连接 -->
 <property>
   <name>javax.jdo.option.ConnectionURL</name>
   <value>jdbc:mysql://localhost:3306/hive?useSSL=false</value>
 </property>
 <!-- 数据库驱动名 -->
 <property>
   <name>javax.jdo.option.ConnectionDriverName</name>
   <value>org.mariadb.jdbc.Driver</value>
 </property>
 <!-- 数据库用户名 -->
 <property>
   <name>javax.jdo.option.ConnectionUserName</name>
   <value>hive</value>
 </property>
 <!-- 数据库用户密码 -->
 <property>
   <name>javax.jdo.option.ConnectionPassword</name>
   <value>hive123456</value>
 </property>
 <!-- 不校验 Schema -->
```

```
<property>
  <name>hive.metastore.schema.verification</name>
  <value>false</value>
</property>
<!-- 显示表名 -->
<property>
  <name>hive.cli.print.current.db</name>
  <value>true</value>
</property>
<!-- 显示表头 -->
<property>
  <name>hive.cli.print.header</name>
  <value>true</value>
</property>
<!-- 表头不显示表名 -->
<property>
  <name>hive.resultset.use.unique.column.names</name>
  <value>false</value>
</property>
<property>
  <name>hive.fetch.task.conversion</name>
  <value>more</value>
</property>
<!-- 关闭列统计 -->
<property>
  <name>hive.stats.column.autogather</name>
  <value>false</value>
</property>
</configuration>
```

(20) 初始化 Hive 的 Schema，如代码 3-23 所示。

【代码 3-23】初始化 Hive 的 Schema。

```
schematool -dbType mysql -initSchema
```

(21) 检查 MariaDB 的 hive 数据库里是否有表，相关操作代码如代码 3-24 所示。

【代码 3-24】登录数据库、显示所有表格信息。

```
mysql hive -uhive -phive123456
show tables
exit
```

(22) 启动 Hadoop，执行代码 3-25 所示的命令。

【代码 3-25】启动 Hadoop。

```
start-hdp.sh
```

(23) 启动 Hive，执行代码 3-26 所示的命令。

【代码 3-26】启动 Hive。

```
hive
```

(24) 查看所有数据库，执行代码 3-27 所示的命令。

【代码 3-27】查看所有数据库。

```
hive> show databases;
```

3.2.2　使用 Hive 进行数据分析

使用 Hive 进行数据分析的操作步骤如下：

(1) 启动 Hadoop。

(2) 上传 dept.csv 和 emp.csv 到 nodea 节点。将实验环境提到的源数据的两张表复制到 HDFS 的 /exp7 目录下。相关操作代码如代码 3-28 所示。

【代码 3-28】在 HDFS 上创建文件夹并上传文件。

```
hdfs dfs -mkdir -p /exp7

hdfs dfs -put dept.csv /exp7

hdfs dfs -put emp.csv /exp7
```

(3) 启动 Hive，如代码 3-29 所示。

【代码 3-29】启动 Hive。

```
hive
```

(4) 创建员工表 (内部表)，如代码 3-30 所示。

【代码 3-30】创建员工表。

```
hive> create table emp(empno int,ename string,job string,mgr int,hiredate string,sal int,comm int,
deptno int) row format delimited fields terminated by ',';
```

(5) 创建部门表 (内部表)，如代码 3-31 所示。

【代码 3-31】创建部门表。

```
hive> create table dept(deptno int,dname string,loc string) row format delimited fields
terminated by ', ';
```

(6) 导入数据，如代码 3-32 所示。

【代码 3-32】导入数据。

```
hive> load data inpath '/exp7/emp.csv' into table emp;

hive> load data inpath '/exp7/dept.csv' into table dept;
```

(7) 根据员工的部门号创建分区，如代码 3-33 所示。

【代码 3-33】创建分区。

```
hive> create table emp_part(empno int,ename string,job string,mgr int,hiredate string,sal int,comm int)
partitioned by (deptno int)row format delimited fields terminated by ',';
```

(8) 向分区表插入数据，指明导入的数据的分区 (通过子查询导入数据)，如代码 3-34 所示。

【代码 3-34】向分区表插入数据。

```
hive> insert into table emp_part partition(deptno=10) select empno,ename,job,mgr,hiredate,sal,
comm from emp where deptno=10;
hive> insert into table emp_part partition(deptno=20) select empno,ename,job,mgr,hiredate,sal,
comm from emp where deptno=20;
hive> insert into table emp_part partition(deptno=30) select empno,ename,job,mgr,hiredate,sal,
comm from emp where deptno=30;
```

(9) 创建一个桶表，表名为 emp_bucket，根据员工的职位 (Job) 进行分桶，如代码 3-35 所示。

【代码 3-35】创建一个桶表。

```
hive> create table emp_bucket(empno int,ename string,job string,mgr int,hiredate string,sal int,
comm int,deptno int) clustered by (job) into 4 buckets row format delimited fields terminated by ',';
```

(10) 通过子查询插入数据，如代码 3-36 所示。

【代码 3-36】插入数据。

```
hive> insert into emp_bucket select * from emp;
```

(11) 独立完成以下 HQL 查询，并在实验报告上记录 HQL 语句。

查询所有的员工信息，期望结果如下：

empno	ename	job	mgr	hiredate	sal	comm	deptno
7369	SMITH	CLERK	7902	1980/12/17	800	NULL	20
7499	ALLEN	SALESMAN	7698	1981/2/20	1600	300	30
7521	WARD	SALESMAN	7698	1981/2/22	1250	500	30
7566	JONES	MANAGER	7839	1981/4/2	2975	NULL	20
7654	MARTIN	SALESMAN	7698	1981/9/28	1250	1400	30
7698	BLAKE	MANAGER	7839	1981/5/1	2850	NULL	30
7782	CLARK	MANAGER	7839	1981/6/9	2450	NULL	10
7788	SCOTT	ANALYST	7566	1987/4/19	3000	NULL	20
7839	KING	PRESIDENT	NULL	1981/11/17	5000	NULL	10
7844	TURNER	SALESMAN	7698	1981/9/8	1500	0	30
7876	ADAMS	CLERK	7788	1987/5/23	1100	NULL	20
7900	JAMES	CLERK	7698	1981/12/3	950	NULL	30
7902	FORD	ANALYST	7566	1981/12/3	3000	NULL	20
7934	MILLER	CLERK	7782	1982/1/23	1300	NULL	10

查询员工信息：查询员工姓名为 BLAKE 的员工号 (empno)、姓名 (ename) 和薪水 (sal)，期望结果如下：

empno	ename	sal
7698	BLAKE	2850

多表关联查询：关联查询 emp 表和 dept 表中所有员工部门名称 (dname)、员工姓名 (ename)，并按部门名称排序，期望结果如下：

dname	ename
ACCOUNTING	MILLER
ACCOUNTING	KING
ACCOUNTING	CLARK
RESEARCH	ADAMS
RESEARCH	SCOTT
RESEARCH	SMITH
RESEARCH	JONES
RESEARCH	FORD
SALES	TURNER
SALES	ALLEN
SALES	BLAKE
SALES	MARTIN
SALES	WARD
SALES	JAMES

分区表关联查询：关联查询 emp_part 表和 dept 表，找到员工部门是 10 和 20 的部门名称和员工姓名，并按部门名称排序，期望结果如下：

dname	ename
ACCOUNTING	MILLER
ACCOUNTING	KING
ACCOUNTING	CLARK
RESEARCH	FORD
RESEARCH	ADAMS
RESEARCH	SCOTT
RESEARCH	JONES
RESEARCH	SMITH

桶表关联查询：关联查询 emp_bucket 表和 dept 表，找到员工部门是 20 和 30 的部门名称和部门下员工的数量 (no)，期望结果如下：

dname	no
RESEARCH	5
SALES	6

查询各个部门的总薪水 (sumsal)，期望结果如下：

dname	sumsal
ACCOUNTING	8750
RESEARCH	10875
SALES	9400

根据职位给员工涨工资,并把涨前、涨后的薪水显示出来,如表 3-7 所示。

表 3-7 薪水变化

职 位	薪水变化
PRESIDENT	+1000
MANAGER	+800
其他	+400

项 目 总 结

通过本项目的学习,我们熟悉了 Hive 的架构及其原理,了解了 Hive 的数据类型和表类型,熟悉了 Hive 的部署以及如何使用 HQL 创建 Hive 表。本项目的技能图谱如图 3-3 所示。

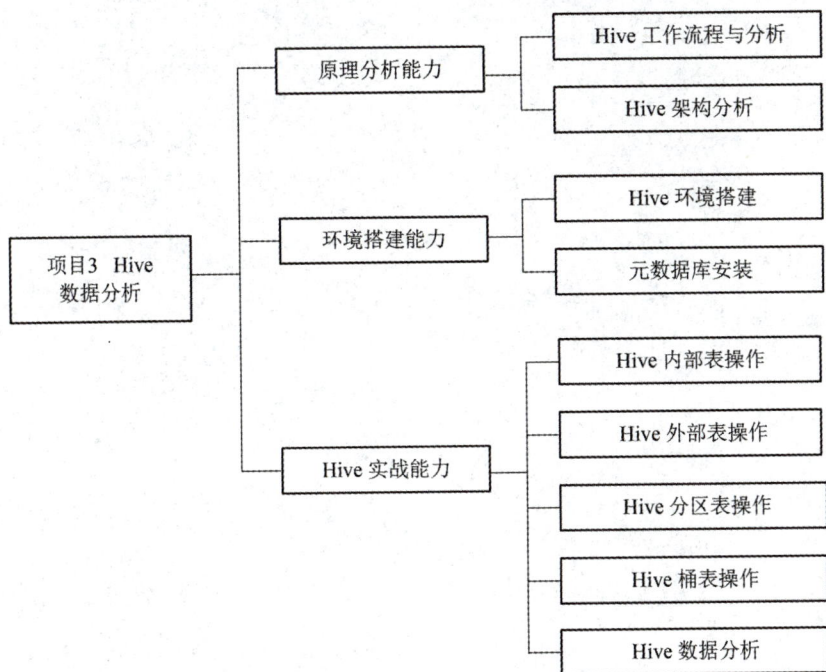

◆ 图 3-3 项目 3 技能图谱

思 考 与 练 习

1. 理解内部表、外部表、分区表、桶表的区别。

2. 如何创建内部表、外部表、分区表、桶表?

拓 展 训 练

根据部门数据表 dept.csv 和员工数据表 emp.csv 中的数据，使用 Hive 根据职位给员工涨工资，并把涨前、涨后的薪水显示出来。

训练要求：使用 Hive 对 dept.csv 和 emp.csv 数据进行分析。

训练结果：需提交报告描述分析的过程和结果。

考核方式：采取课内个人报告方式，时间控制在 5 分钟以内。

评价标准：

(1) 个人表达准确，逻辑清晰 (30 分)。

(2) 报告文档格式规范 (30 分)。

(3) 报告结果正确 (40 分)。

项目 4　HBase 分布式存储数据库

>>>> 项目引入

Hadoop 集群已经可以满足大数据的相关工作，但如果仅仅是这样，从数据传输开始到最后得出想要的结果还是需要花费不少的时间。这不，昨天李梅就找到了马克。

李梅：马克，我了解到，大数据分析都是有很高的时效性的，为什么我们部署的平台在处理数据时会花费很长的时间呢？这样根本做不到数据的实时查询。

马克：这你就错了，Hadoop 集群在数据处理、清洗、分析时，速度会很快，不会慢的。

李梅：那你说说，我得到最后的结果为什么总会花费很长时间？

马克：这个……，因为我们的电商系统是用传统的 MySQL 关系型数据库存储数据的，在对数据计算、清洗、分析之前需要先将数据导入 HDFS 中，导入过程就会花费不少的时间。

李梅：那这个问题怎么解决呢？总不能把时间浪费在数据导入上吧，数据处理的时效性可是非常重要的。

马克：放心吧，这个事情交给我。

很容易想到，既然想缩短将数据导入 HDFS 中所花费的时间，就需要将数据直接存储在分布式存储系统中。这里马克准备用 HBase 存储电商系统的数据，HBase 也是 Hadoop 家族的核心成员，是一个基于 HDFS 文件存储的分布式存储数据库，它区别于传统的表结构数据库。HBase 是面向列结构设计的，在数据查询和数据分析上都优于传统的数据库。

>>>> 任务目标

(1) 了解 HBase 及其特点。
(2) 了解 HBase 的集群部署。
(3) 了解 HBase 的核心组件。
(4) 掌握 HBase 的读写流程。
(5) 掌握 HBase 的 Java 和 Shell API。

>>>> 知识图谱

本项目的知识图谱如图 4-1 所示。

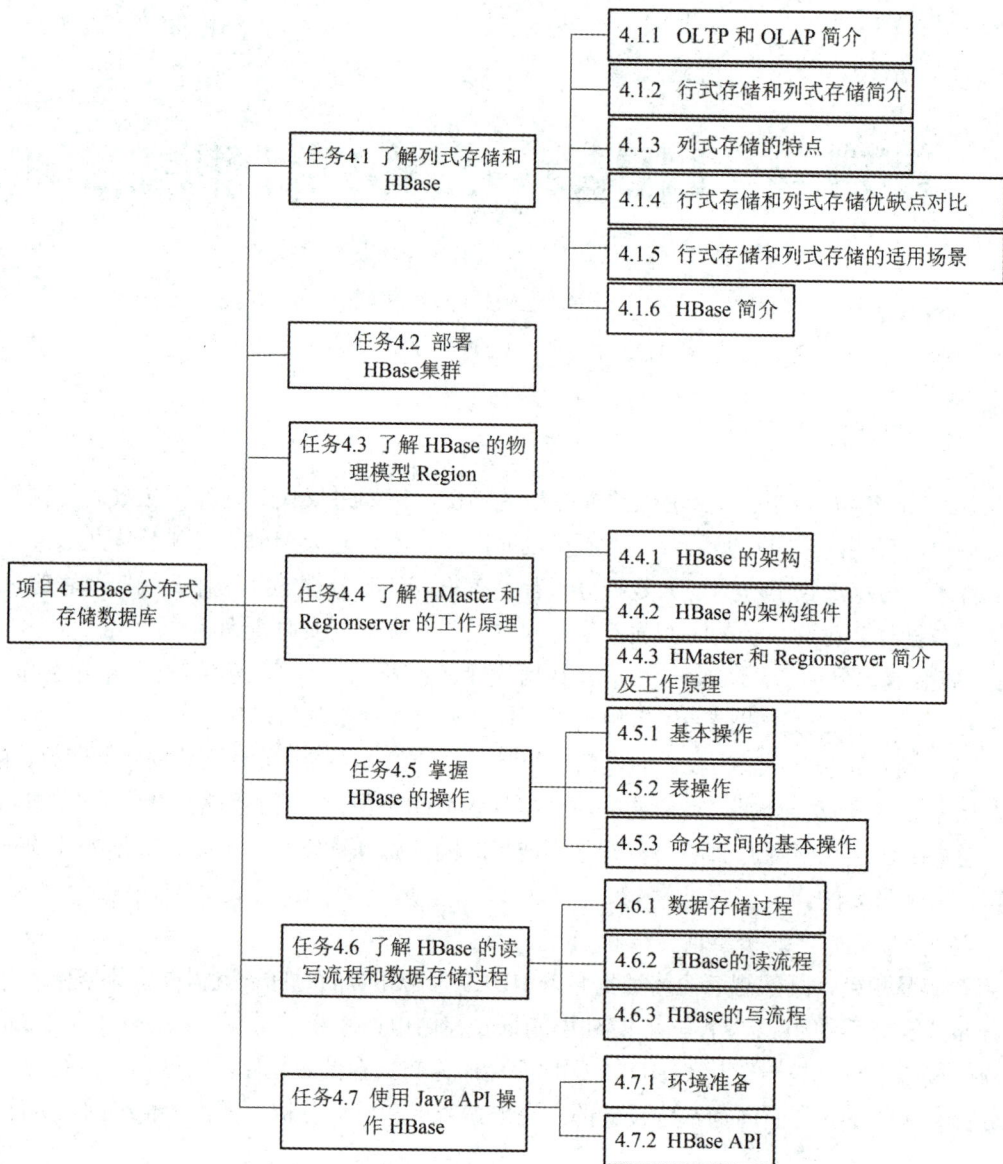

◆ 图 4-1   项目 4 知识图谱

任务 4.1   了解列式存储和 HBase

任务描述

HBase 是一个面向列的数据库，我们先了解一下它的表结构和存储机制。

4.1.1　OLTP 和 OLAP 简介

1. OLTP

OLTP 全称为 On-Line Transaction Processing(联机事务处理过程)，也称为面向交易的处理过程。其基本特征是前台接收的用户数据可以立即传送到计算中心进行处理，并在很短的时间内给出处理结果，是对用户操作快速响应的方式之一。其典型案例：银行转账、电商下单。

2. OLAP

OLAP 全称为 On-Line Analytic Processing(联机分析处理过程)。OLAP 是数据仓库系统的主要应用，支持复杂的分析操作，侧重决策支持，并且提供直观易懂的查询结果。其典型案例：商品推荐、仓库库存调整查询。

4.1.2　行式存储和列式存储简介

1. 行式存储

行式 (Row-Oriented) 存储广泛应用于主流关系型数据库 (如 MySQL 的 Innodb 引擎)，主要存储方式是按照行连续保存，如图 4-2 所示。

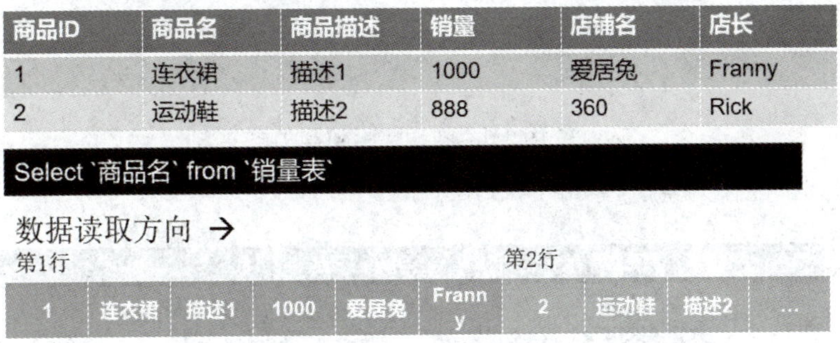

商品ID	商品名	商品描述	销量	店铺名	店长
1	连衣裙	描述1	1000	爱居兔	Franny
2	运动鞋	描述2	888	360	Rick

Select `商品名` from `销量表`

数据读取方向 →

第1行						第2行			
1	连衣裙	描述1	1000	爱居兔	Franny	2	运动鞋	描述2	…

◆ 图 4-2　行式存储示例

2. 列式存储

列式 (Column-Oriented) 存储是指数据库按照列为单位来存储，如 MariaDB 的 ColumnStore 引擎，如图 4-3 所示。

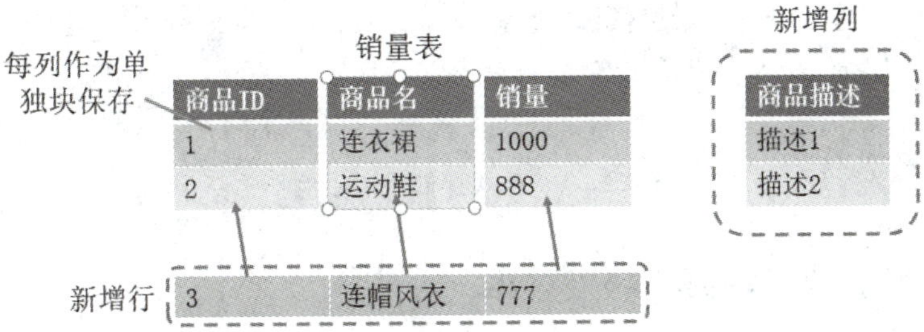

新增列

每列作为单独块保存

销量表

商品ID	商品名	销量
1	连衣裙	1000
2	运动鞋	888

商品描述
描述1
描述2

新增行

3	连帽风衣	777

◆ 图 4-3　列式存储示例

列式存储与行式存储的不同点：

(1) 每列数据分块保存。读取某列数据比行式存储 I/O 数据量更少。

(2) 新增一行数据需要在每一块数据后面分别增加，效率较行式存储低。

(3) 列式存储新增一列不影响之前的列数据，但行式存储新增一列会影响之前所有的行数据。

4.1.3 列式存储的特点

列式存储的主要特点如下：

(1) 表连接 I/O 操作更高效，只需要读取连接 (join) 的列来执行匹配，如图 4-4 所示。

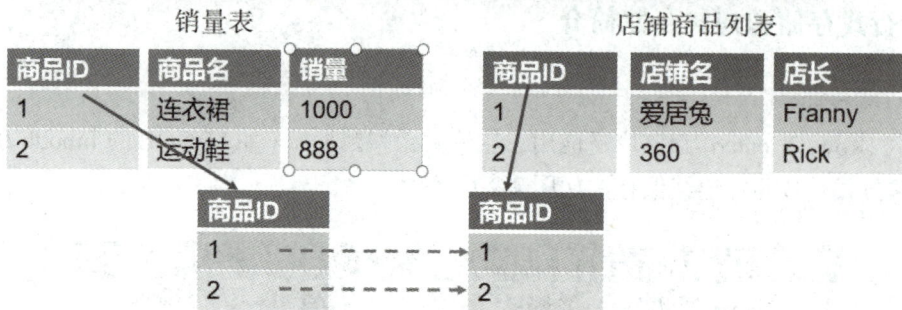

◆ 图 4-4 列式存储 I/O 操作

(2) 任何列都能作为索引，如图 4-5 所示。

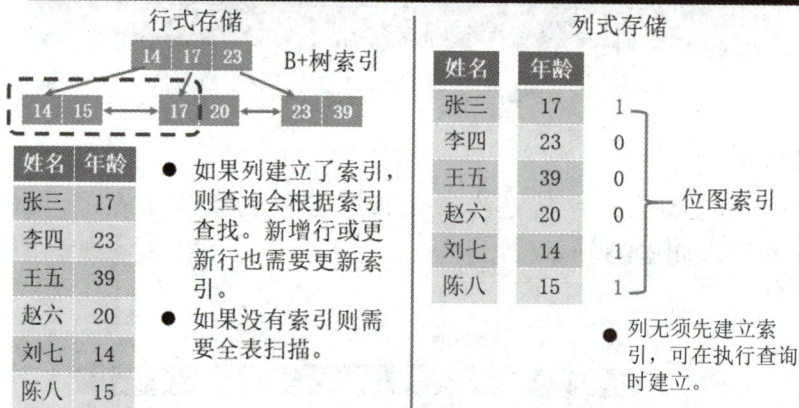

◆ 图 4-5 列式存储索引示例

4.1.4 行式存储和列式存储优缺点对比

行式存储和列式存储优缺点对比如图 4-6 所示。

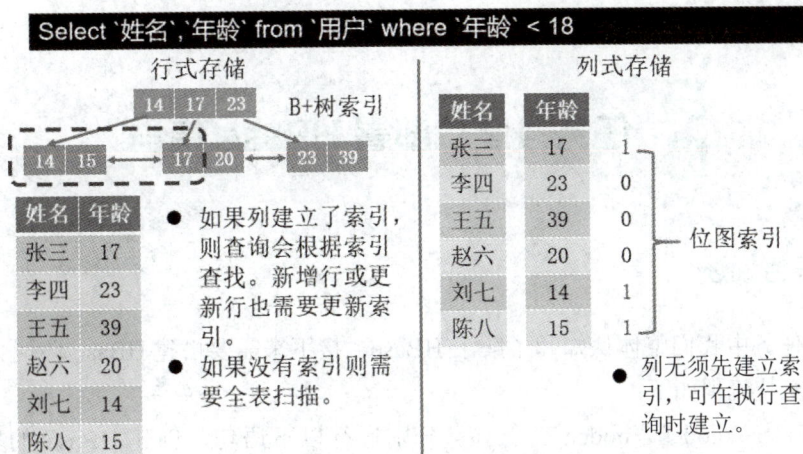

◆ 图 4-6　行式存储和列式存储优缺点对比图

4.1.5　行式存储和列式存储的适用场景

1. 列式存储适用场景

(1) 对于单列，获取频率较高，就使用列式存储。

(2) 如果针对多列查询，使用并行处理查询效率也很高，可以采用列式存储。

(3) 对于大数据的环境，利于数据压缩和线性扩展，可以采用列式存储。

(4) 事务使用率不高，数据量非常大，可以采用列式存储。

(5) 对于更新某些行的频率不高，可以选择列式存储。

2. 行式存储适用场景

(1) 关系之间的解决方案，表与表之间关联大，可采用行式存储。

(2) 强事务特性，如消费、资金的业务，可采用行式存储。

(3) 如数据小于千万级，可考虑行式存储。

4.1.6　HBase 简介

HBase 是一种分布式、可扩展、支持海量数据存储的 NoSQL 列式存储数据库。

HBase 的原型是 Google 的 BigTable 论文，受到了该论文思想的启发，HBase 目前作为 Hadoop 的子项目来开发维护，用于支持结构化的数据存储。

HBase 是一个高可靠性、高性能、面向列、可伸缩的分布式存储系统。利用 HBase 技术可在廉价 PC Server 上搭建起大规模结构化存储集群。HBase 的目标是存储并处理大型的数据，更具体来说是仅需使用普通的硬件配置，就能够处理由成千上万的行和列所组成的大型数据。

HBase 是 Google Bigtable 的开源实现，但是也有很多不同之处。比如：Google Bigtable 利用 GFS 作为其文件存储系统，而 HBase 利用 Hadoop HDFS 作为其文件存储系统；Google Bigtable 利用 Chubby 作为协同服务组件，而 HBase 利用 ZooKeeper 作为协同服务组件。

任务 4.2　部署 HBase 集群

▶▶▶ 任务描述

在上一任务中我们整体认知和了解了 HBase，接下来需要搭建 HBase 环境。

HBase 安装流程如下：

(1) 在 nodea、nodeb、nodec 三个节点分别运行以下语句，创建 HBase 的安装目录，如代码 4-1 所示。

【代码 4-1】创建 HBase 的安装目录。

```
sudo mkdir /opt/hbase

sudo chown hadoop:wheel /opt/hbase
```

(2) 使用 hadoop 用户登录 nodea 节点，如代码 4-2 所示。

【代码 4-2】使用 hadoop 用户登录 nodea 节点。

```
su hadoop
```

(3) 上传 HBase 安装包 hbase-1.6.0-bin.tar.gz 到 nodea 节点 /home/hadoop 目录。

(4) 解压 hbase-1.6.0-bin.tar.gz 到 /home/hadoop 目录，如代码 4-3 所示。

【代码 4-3】解压安装包。

```
tar -xvf hbase-1.6.0-bin.tar.gz
```

(5) 把解压以后的目录移到安装目录，如代码 4-4 所示。

【代码 4-4】移动软件到安装目录。

```
sudo mv ~/hbase-1.6.0/* /opt/hbase
```

(6) 提升 root 用户权限执行以下语句，加入 HBase 环境变量，如代码 4-5 所示。

【代码 4-5】加入 HBase 环境变量。

```
su

echo"export HBASE_HOME=/opt/hbase

export PATH=\$HBASE_HOME/bin:\$PATH:. " >>/etc/profile
```

(7) 将 HBase 同步到其他机器上，如代码 4-6 所示。

【代码 4-6】将 HBase 同步到其他机器上。

```
xsync /hadoop/hbase-2.2.2/
```

(8) 切换回 hadoop 用户，如代码 4-7 所示。

【代码 4-7】切换回 hadoop 用户。

```
su hadoop
```

(9) 使环境变量生效，如代码 4-8 所示。

【代码 4-8】环境变量生效。

```
export HBASE_HOME=/hadoop/hbase-2.2.2
export PATH=$PATH:$HBASE_HOME/bin
```

(10) 编辑 HBase 的环境配置脚本，如代码 4-9 所示。

【代码 4-9】HBase 环境编辑。

```
cd $HBASE_HOME/conf
vim hbase-env.sh
```

(11) 加入 Java 环境变量，如代码 4-10 所示。

【代码 4-10】加入 Java 环境变量。

```
export JAVA_HOME=/opt/jdk8
```

(12) 设置启用 ZooKeeper，如代码 4-11 所示。

【代码 4-11】设置启用 ZooKeeper。

```
export HBASE_MANAGES_ZK=true
```

(13) 保存 hbase-env.sh。

(14) 备份并编辑 HBase 配置文件 hbase-site.xml，如代码 4-12 所示。

【代码 4-12】备份并编辑 HBase 配置文件 hbase-site.xml。

```
cd $HBASE_HOME/conf
cp hbase-site.xml{,.bak}
vim hbase-site.xml
```

(15) 输入以下内容，注意替换学号后 3 位，如代码 4-13 所示。

【代码 4-13】编辑 HBase 配置文件。

```
<?xml version="1.0"?>
<?xml-stylesheet type="text/xsl" href="configuration.xsl"?>
<configuration>
    <!--HBase 的数据保存在 HDFS 对应目录 -->
    <property>
        <name>hbase.rootdir</name>
        <value>hdfs://nodea:8020/hbase</value>
    </property>
    <!-- 是否是分布式环境 -->
    <property>
        <name>hbase.cluster.distributed</name>
        <value>true</value>
    </property>
    <!-- 配置 ZK 的地址 , 3 个节点都启用 ZooKeeper-->
    <property>
        <name>hbase.zookeeper.quorum</name>
            <value>nodea,nodeb,nodec</value>
```

```
</property>
<!-- 冗余度 -->
<property>
    <name>dfs.replication</name>
    <value>1</value>
</property>
<!-- 主节点和从节点允许的最大时间误差 -->
<property>
    <name>hbase.master.maxclockskew</name>
    <value>180000</value>
</property>
<!--ZooKeeper 数据目录 -->
<property>
    <name>hbase.zookeeper.property.dataDir</name>
    <value>/opt/hbase/zookeeper</value>
</property>
  <property>
    <name>hbase.unsafe.stream.capability.enforce</name>
      <value>false</value>
  </property>
</configuration>
```

(16) 编辑 RegionServer 的配置文件 RegionServers，如代码 4-14 所示。

【代码 4-14】编辑 RegionServer 的配置文件 RegionServers。

```
cd $HBASE_HOME/conf
vi regionservers
```

(17) 清空文件内容，加入以下内容并保存，注意替换学号后 3 位，如代码 4-15 所示。

【代码 4-15】配置文件 RegionServers 配置。

```
nodea
nodeb
nodec
```

(18) 同步 HBase 安装目录内容到 nodeb 和 nodec，注意替换为学号后 3 位，如代码 4-16 所示。

【代码 4-16】同步 HBase 安装目录。

```
rsync -r /opt/hbase nodec:/opt
rsync -r /opt/hbase nodeb:/opt
```

(19) 启动 HDFS 和 HBase，如代码 4-17 所示。

【代码 4-17】启动 HDFS 和 HBase。

```
start-dfs.sh
start-hbase.sh
```

HBase 安装成功页面如图 4-7 所示。

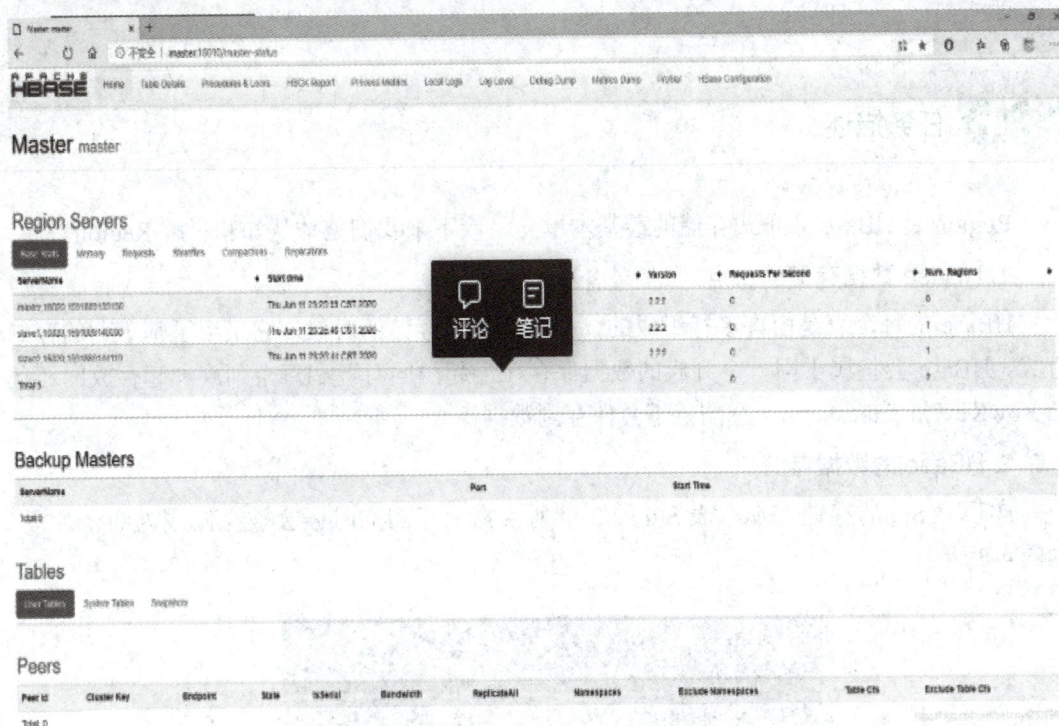

◆ 图 4-7　HBase 安装成功页面

【实验验证步骤】

(1) 在 nodea、nodeb 和 nodec 3 个节点分别输入 jps，如代码 4-18 所示。

【代码 4-18】jps 查看进程。

```
export HBASE_MANAGES_ZK=true
```

(2) 查看其中 1 个节点是否存在以下进程，进程显示如代码 4-19 所示。

【代码 4-19】HBase 进程。

```
HRegionServer
HQuorumPeer
HMaster
```

(3) 另外两个节点存在以下进程，进程显示如代码 4-20 所示。

【代码 4-20】另外两个节点进程。

```
HQuorumPeer
HRegionServer
```

任务 4.3　了解 HBase 的物理模型 Region

▶▶▶ 任务描述

Region 是 HBase 分布式存储的最基本单元,接下来我们整体认知和了解 Region。

1. HBase 数据存储的特点

HBase 的每个表是由许多行组成的,但是在物理存储的时候,它采用了基于列的存储方式。HBase 会将属于同一个列族的数据保存在一起,同时,和每个列族一起存放的还包括 RowKey 和 Timestamp。空的值不会保存到数据库。

2. HBase 的数据存储

实现表 Stu 的存储,那么表 Stu 的 2 个列族物理存储的时候会被存储成为两个片段,如图 4-8 所示。

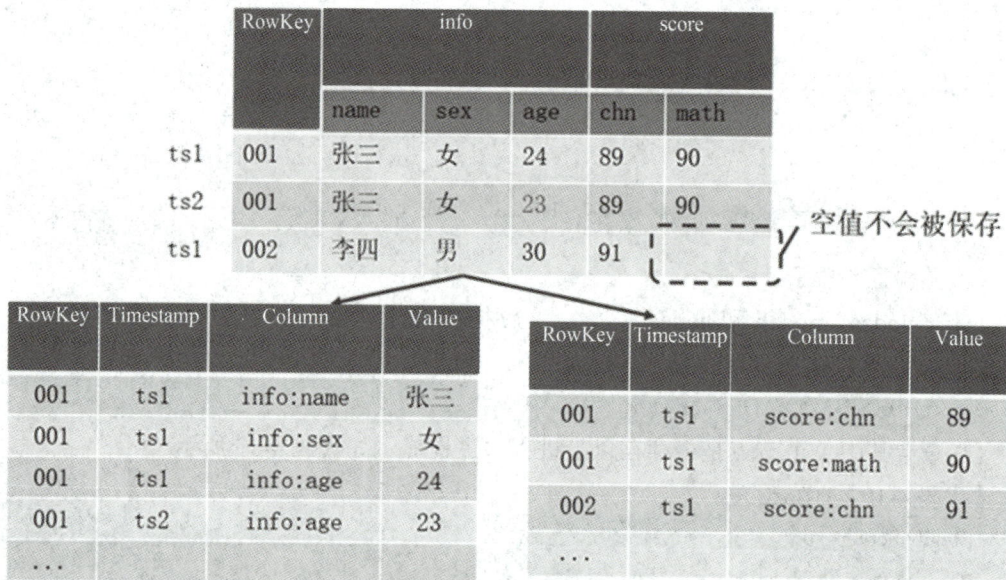

RowKey		info			score	
		name	sex	age	chn	math
ts1	001	张三	女	24	89	90
ts2	001	张三	女	23	89	90
ts1	002	李四	男	30	91	

空值不会被保存

RowKey	Timestamp	Column	Value
001	ts1	info:name	张三
001	ts1	info:sex	女
001	ts1	info:age	24
001	ts2	info:age	23
...			

RowKey	Timestamp	Column	Value
001	ts1	score:chn	89
001	ts1	score:math	90
002	ts1	score:chn	91
...			

◆ 图 4-8　HBase 的数据存储图

3. HBase 物理模型 Region

Region 是 HBase 中分布式存储和负载均衡的最小单元。一个 HBase 表由一个或多个 Region 组成,表增长一个 Region 会分裂出多个新的 Region,如图 4-9 所示。

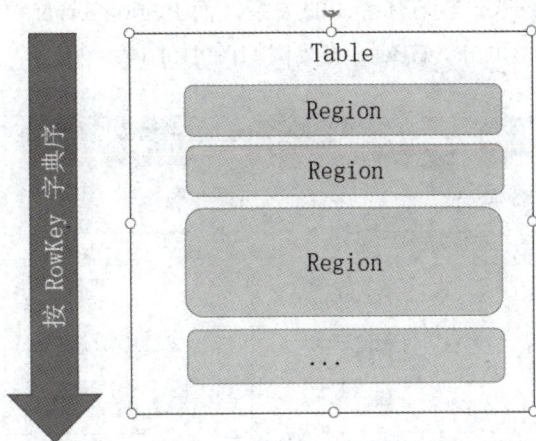

◆ 图 4-9　Region 示例图

　　HBase 支持多种切分触发策略,用户可以根据业务在表级别选择不同的切分触发策略,如图 4-10 所示。

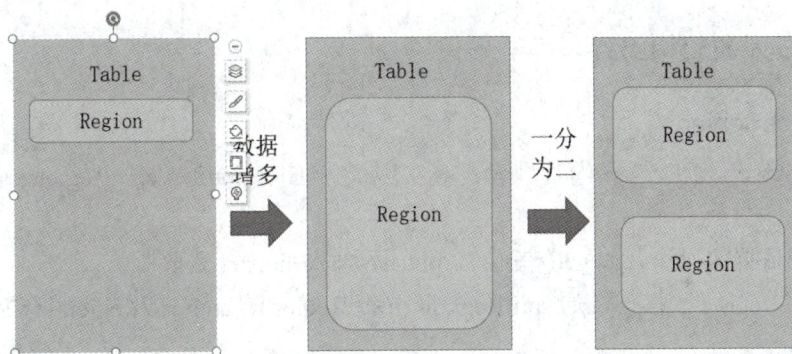

◆ 图 4-10　Region 切分示例图

任务 4.4　了解 HMaster 和 RegionServer 的工作原理

任务描述

　　HBase 有 HMaster 和 RegionServer 两个核心进程,接下来我们整体认知和了解这两个核心进程。

4.4.1　HBase 的架构

　　HBase 有 HMaster 和 RegionServer 两个核心进程。其中 HMaster 是主进程,负责管理所有的 RegionServer。RegionServer 是数据服务进程,负责处理用户数据的读写请求。

Master 与 RegionServer 之间有密切的关系，而 RegionServer 又与 Region(HBase 中存储数据的最小单元) 密不可分。HBase 的架构如图 4-11 所示。

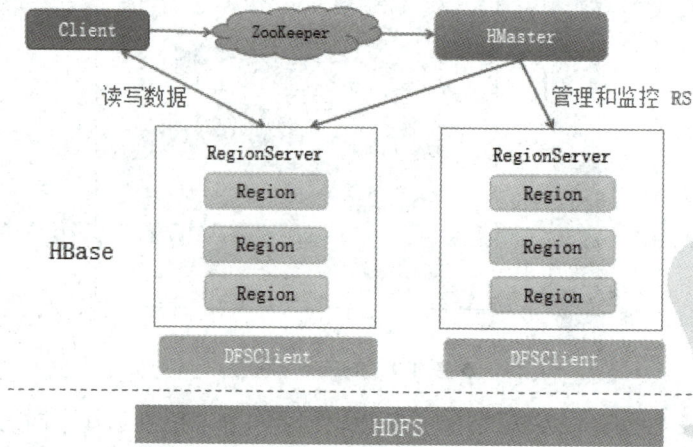

◆ 图 4-11　HBase 的架构

4.4.2　HBase 的架构组件

1. RegionServer

RegionServer 为 Region 的管理者，其实现类为 HRegionServer。RegionServer 的主要作用如下：

(1) 对于数据的操作，如 get(获取)、put(添加)、delete(删除)。

(2) 对于 Region 的操作，如 splitRegion(分裂 Region)、compactRegion(合并 Region)。

2. Master

Master 是所有 RegionServer 的管理者，其实现类为 HMaster。Master 的主要作用如下：

(1) 对于表的操作，如 create(创建) delete(删除) alter(修改)。

(2) 对于 RegionServer 的操作，如分配 Region 到每个 RegionServer，监控每个 RegionServer 的状态，负载均衡和故障转移。

3. ZooKeeper

HBase 通过 ZooKeeper 来做 Master 的高可用、RegionServer 的监控、元数据的入口，以及集群配置的维护等工作。

4. HDFS

HDFS 为 HBase 提供最终的底层数据存储服务，同时为 HBase 提供高可用的支持。

4.4.3　HMaster 和 RegionServer 简介及工作原理

1. RegionServer 进程的工作原理

RegionServer 是 HBase 的数据服务进程，它负责处理用户数据的读写请求，所有

Region 的 Flush、Compaction、Open、Close、Load 等操作的执行都交由 RegionServer 管理。

RegionServer 需要定期将在线状态的 Region 信息、内存使用状态等自身情况的信息汇报给 HMaster。关于 HMaster 的内容会在接下来的知识节点中进行讲解。

RegionServer 除了定期向 HMaster 汇报自身信息以外，还可以管理 WAL，并可以执行数据更新、删除以及插入操作。RegionServer 还通过 Metrics 对外提供衡量 HBase 内部服务状况的参数。RegionServer 还内置了 HttpServer，所以用户可以通过图形界面的方式访问 HBase。

2. HMaster 进程的工作原理

HMaster 进程负责管理所有的 RegionServer，具体内容包括：

(1) 新 RegionServer 的注册。

(2) 实现 RegionServer 的负载均衡。

(3) 发现失效的 RegionServer 时进行故障转移 (Failover) 的处理。

(4) 负责一些集群操作以及表的创建、修改和删除。

(5) 在创建新的表时分配 Region。

HMaster 进程有主备角色，集群可以根据需要配置多个 HMaster 角色。集群启动时，HMaster 角色通过竞争获得主 HMaster 角色。主 HMaster 角色只能有一个，所有的备用 HMaster 进程在集群运行期间处于休眠状态，不干涉任何集群的事务。

3. 重要进程组件介绍

1) WAL(HLog)

WAL 即 Write Ahead Log，在早期版本中称为 HLog，它是 HDFS 上的一个文件，如其名字所表示的，所有写操作都先保证将数据写入这个 Log 文件后，才会真正更新 MemStore，最后写入 HFile 中，如图 4-12 所示。

数据写入

1

HLog

2

写缓存
MemStore

3

HFile

◆ 图 4-12　WAL 写入数据图

2) BlockCache

BlockCache 是一个读缓存。HBase 将数据预读取到内存中，以提升读的性能，如图 4-13 所示。

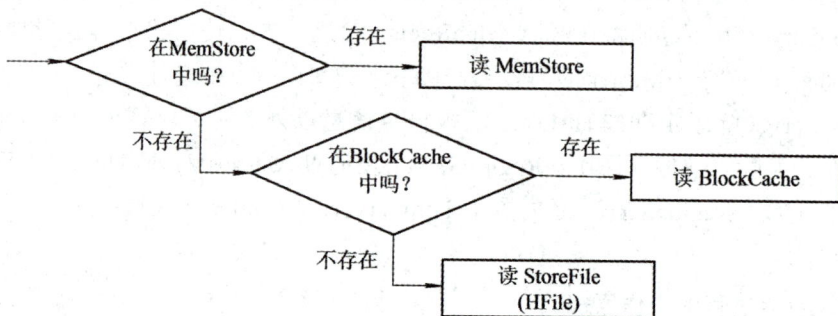

◆ 图 4-13　BlockCache 工作示例图

3) HRegion

HRegion 是一个表中的一个 Region 在一个 HRegionServer 中的表达。Region 由一个或者多个 Store 组成，每个 Store 保存一个列族 (Columns Family)。每个 Store 又由一个 MemStore 和 0 至多个 StoreFile 组成。MemStore 存储在内存中，StoreFile 存储在 HDFS 中，如图 4-14 所示。

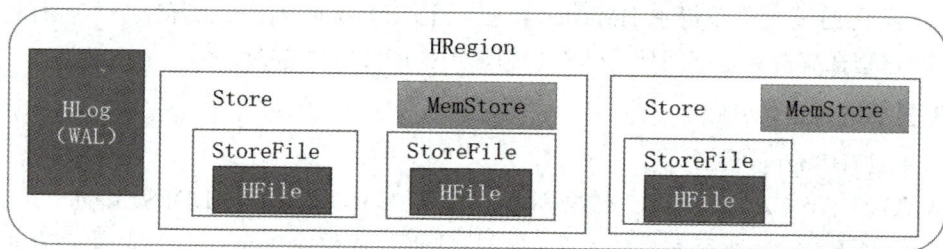

◆ 图 4-14　HRegion 工作示例图

任务 4.5　掌握 HBase 的操作

任务描述

在前面任务中我们对 HBase 有了一个整体的认知，也成功地搭建了 HBase 生产环境，下面我们使用 Shell 的方式来操作 HBase 数据库。

4.5.1　基本操作

HBase 提供了 Shell 的方式来操作数据库，下面通过示例来演示常见的 Shell 操作。

进入 HBase 客户端命令行，如代码 4-21 所示。

【代码 4-21】HBase 客户端命令行。

```
hbase shell
```

查看帮助命令，如代码 4-22 所示。

【代码 4-22】HBase 客户端帮助命令。

```
help
```

查看当前数据库中有哪些表，如代码 4-23 所示。

【代码 4-23】查看当前数据库中有哪些表。

```
list
```

4.5.2　表操作

创建表的命令如代码 4-24 所示。

【代码 4-24】创建表的命令。

```
create 'student','info'
```

插入数据到表命令如代码 4-25 所示。

【代码 4-25】插入数据到表命令。

```
put 'student','1001','info:sex','male'

put 'student','1001','info:age','18'

put 'student','1002','info:name','Janna'

put 'student','1002','info:sex','female'

put 'student','1002','info:age','20'
```

扫描查看表数据如图 4-15 所示，命令如代码 4-26 所示。

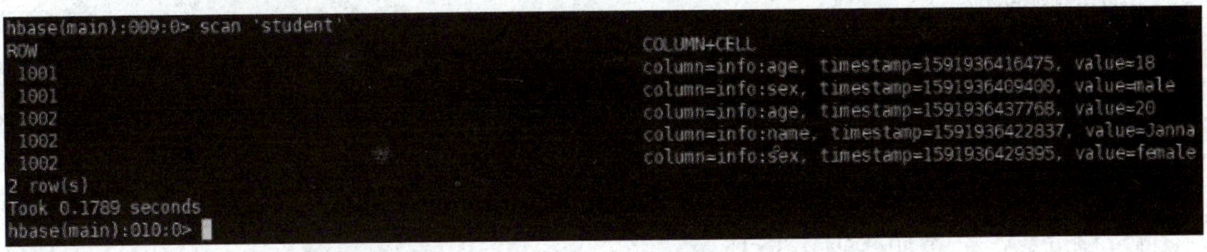

◆ 图 4-15　查看表数据效果图

【代码 4-26】扫描查看表数据命令。

```
scan 'student'

scan 'student',{STARTROW => '1001', STOPROW  => '1001'}

scan 'student',{STARTROW => '1001'}
```

查看表结构命令如代码 4-27 所示。

【代码 4-27】查看表结构命令。

```
describe 'student'
```

更新指定字段的数据命令如代码 4-28 所示。

【代码 4-28】更新指定字段的数据命令。

```
put 'student','1001','info:name','Nick'

put 'student','1001','info:age','100'
```

查看"指定行"或"指定列族：列"的数据命令如代码 4-29 所示。

【代码 4-29】查看"指定行"或"指定列族：列"的数据命令。

```
get 'student','1001'

get 'student','1001','info:name'
```

统计表数据行数命令如代码 4-30 所示。

【代码 4-30】统计表数据行数命令。

```
count 'student'
```

变更表信息。将 info 列族中的数据存放 3 个版本，命令如代码 4-31 所示。

【代码 4-31】将 info 列族中的数据存放 3 个版本命令。

```
alter 'student',{NAME=>'info',VERSIONS=>3}

get 'student', '1001',{COLUMN=>'info:name',VERSIONS=>3}
```

删除数据的操作步骤如下：

(1) 删除某 RowKey 的全部数据，命令如代码 4-32 所示。

【代码 4-32】删除某 RowKey 的全部数据命令。

```
deleteall 'student','1001'
```

(2) 删除某 RowKey 的某一列数据，命令如代码 4-33 所示。

【代码 4-33】删除某 RowKey 的某一列数据命令。

```
delete 'student', '1002', 'info:sex'
```

(3) 清空表数据，命令如代码 4-34 所示。

【代码 4-34】清空表数据命令。

```
truncate 'student'
```

删除表的操作步骤如下：

(1) 需要先让该表为 disable 状态，命令如代码 4-35 所示。

【代码 4-35】先让该表为 disable 状态命令。

```
disable 'student'
```

(2) 删除表，命令如代码 4-36 所示。

【代码 4-36】删除表命令。

```
drop 'student'
```

4.5.3　命名空间的基本操作

命名空间的基本操作步骤如下：

(1) 查看命名空间，命令如代码 4-37 所示。

【代码 4-37】查看命名空间命令。

```
list_namespace
```

(2) 创建命名空间，命令如代码 4-38 所示。

【代码 4-38】创建命名空间命令。

```
create_namespace 'bigdata'
```

(3) 在新的命名空间中创建表，命令如代码 4-39 所示。

【代码 4-39】新的命名空间中创建表命令。

```
create 'bigdata:student','info'
```

(4) 删除命名空间，只能删除空的命名空间，如果不为空，则需要先删除该命名空间下的所有表，命令如代码 4-40 所示。

【代码 4-40】删除空的命名空间命令。

```
drop_namespace 'bigdata'
```

任务 4.6　了解 HBase 的读写流程和数据存储过程

任务描述

在前面任务中我们对 HBase 有了一个整体的认知，成功地搭建了 HBase 生产环境，使用了 Shell 的方式来操作数据库，接下来我们进一步了解 HBase 的读写流程、数据存储过程。

4.6.1　数据存储过程

META Table(.META.) 记录了用户表的 Region 信息，其可以有多个 Region，一般保存在一台 RegionServer 上，而 ZooKeeper 则保存了 META Table 的位置，如图 4-16 所示。

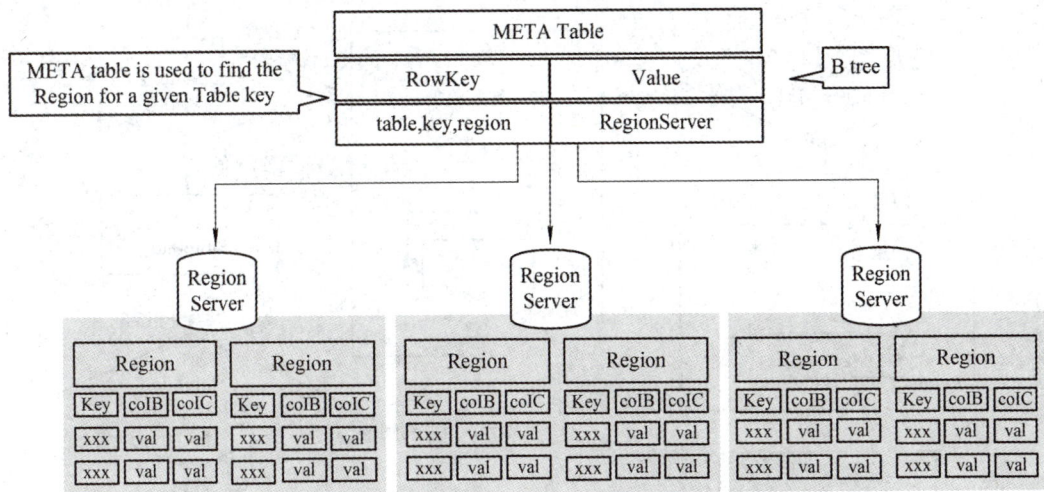

◆ 图 4-16　数据存储图

4.6.2　HBase 的读流程

HBase 的读流程示例图如图 4-17 所示。

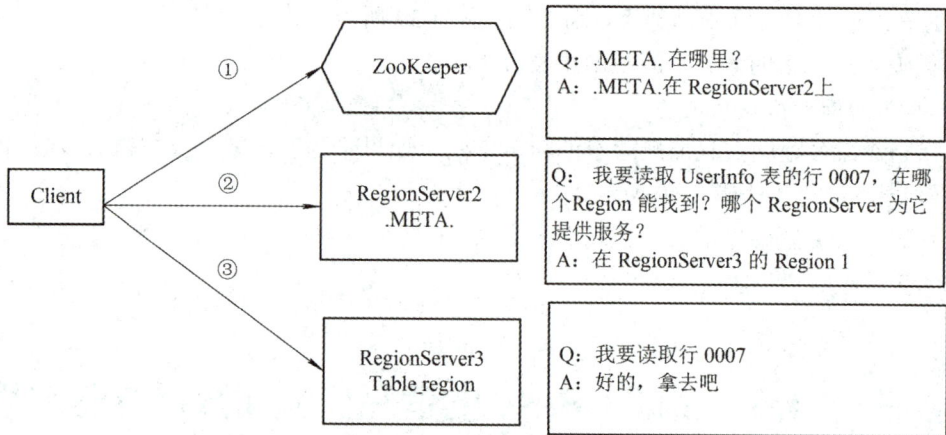

◆ 图 4-17　HBase 的读流程示例图

（1）Client 访问 ZooKeeper，获取".META."表信息。

（2）从".META."表查找，获取存放目标数据的 Region 信息，从而找到对应的 RegionServer。

（3）通过 RegionServer 获取需要查找的数据。

4.6.3　HBase 的写流程

HBase 的写流程示例图如图 4-18 所示。

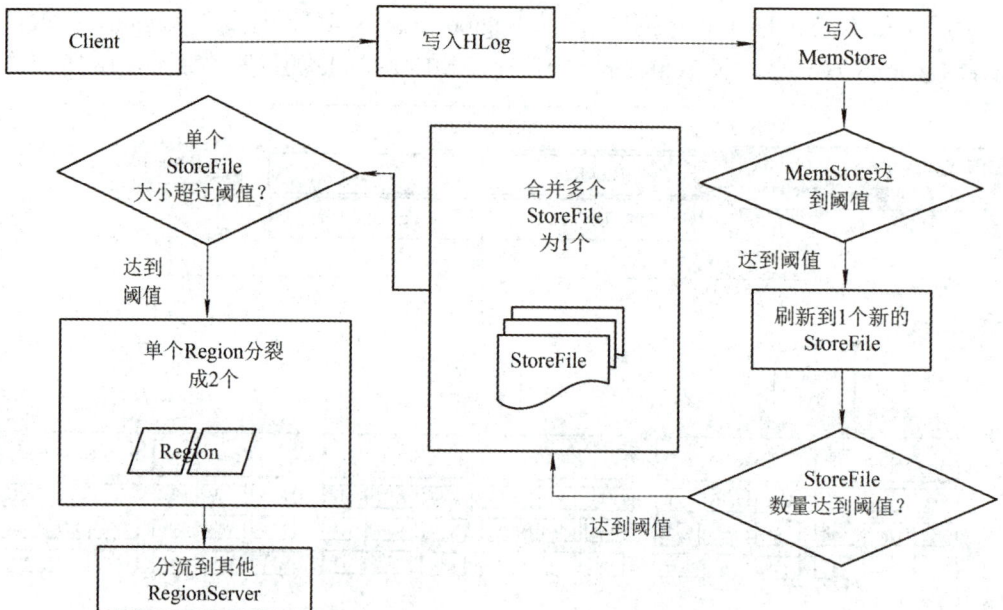

◆ 图 4-18　HBase 的写流程示例图

（1）Client 客户端将所有写操作产生的数据写入 HLog 文件。

（2）MemStore 根据 HLog 文件刷新缓存信息，如果 MemStore 达到阈值，则数据会刷新到一个新的 StoreFile。

(3) 如果 StoreFile 的数量达到一定的阈值，就会进行 StoreFile 的合并操作。

(4) 如果单个 StoreFile 大小超过阈值，就会触发 Region 的分裂，将 StoreFile 分流到其他 RegionServer 进行 Region 的存储。

任务 4.7　使用 Java API 操作 HBase

任务描述

在前面任务中我们对 HBase 有了一个全面的认知，也成功地搭建了 HBase 生产环境，接着我们继续使用 Java API 的方式来操作 HBase 数据库。

4.7.1　环境准备

IDEA 开发软件新建项目后在 pom.xml 中添加依赖，如代码 4-41 所示。

【代码 4-41】pom.xml 中添加依赖。

```
<dependencies>
  <dependency>
    <groupId>org.apache.hbase</groupId>
    <artifactId>hbase-server</artifactId>
    <version>2.2.2</version>
  </dependency>

  <dependency>
    <groupId>org.apache.hbase</groupId>
    <artifactId>hbase-client</artifactId>
    <version>2.2.2</version>
  </dependency>

  <dependency>
    <groupId>org.apache.logging.log4j</groupId>
    <artifactId>log4j-core</artifactId>
    <version>2.8.2</version>
  </dependency>
</dependencies>
```

在 resources 目录下创建 log4j.properties 添加控制台打印日志配置，如代码 4-42 所示。

【代码 4-42】log4j.properties 日志文件创建。

```
log4j.rootLogger=INFO, stdout
log4j.appender.stdout=org.apache.log4j.ConsoleAppender
log4j.appender.stdout.layout=org.apache.log4j.PatternLayout
log4j.appender.stdout.layout.ConversionPattern=%d %p [%c] - %m%n
log4j.appender.logfile=org.apache.log4j.FileAppender
log4j.appender.logfile.File=target/spring.log
log4j.appender.logfile.layout=org.apache.log4j.PatternLayout
log4j.appender.logfile.layout.ConversionPattern=%d %p [%c] - %m%n
```

4.7.2　HBase 的 Java API

HBase 为开发者提供了 Java API，开发者可以通过 Java 代码来操作 HBase。以下是 HBase 常见的 Java API 操作实例及代码。

HBase 的连接与断开如代码 4-43 所示。

【代码 4-43】实现 HBase 的连接与断开。

```java
import org.apache.hadoop.conf.Configuration;
import org.apache.hadoop.hbase.HBaseConfiguration;
import org.apache.hadoop.hbase.TableName;
import org.apache.hadoop.hbase.client.*;
import org.apache.hadoop.hbase.util.Bytes;



import java.io.IOException;

public class TestHBase {

    static Admin admin = null;
    static Connection connection = null;

    static {
        Configuration conf = HBaseConfiguration.create();
        conf.set("hbase.zookeeper.quorum", "192.168.217.130");
        // 获取连接对象
        try {
            connection = ConnectionFactory.createConnection(conf);
        } catch (IOException e) {
            e.printStackTrace();
        }
```

```
    try {
        admin = connection.getAdmin();
    } catch (IOException e) {
        e.printStackTrace();
    }
}


private static void close(Connection conn, Admin admin) throws IOException {
    if (conn != null) {
        conn.close();
    }
    if (admin != null) {
        admin.close();
    }
}
}
```

判断 HBase 的表是否存在，如代码 4-44 所示。

【代码 4-44】判断 HBase 的表是否存在。

```
public static boolean tableExist(String tableName) throws IOException {
    boolean tableExists = admin.tableExists(TableName.valueOf(tableName));
    return tableExists;
}
```

创建表，如代码 4-45 所示。

【代码 4-45】创建表。

```
public static void createTable(String tableName, String... columnFamily) throws
IOException {
    // 判断是否存在列族信息
    if (columnFamily.length <= 0) {
        System.out.println(" 请设置列族信息！ ");
        return;
    }
    // 判断表是否存在
    if (tableExist(tableName)) {
        System.out.println(" 表 " + tableName + " 已存在 ");
    } else {
        // 创建表描述器
        TableDescriptorBuilder tableDescriptorBuilder = TableDescriptorBuilder.newBuilder(TableName.
valueOf(tableName));
```

```
        // 创建多个列族
        for (String cf : columnFamily) {
            // 创建列族描述器
            ColumnFamilyDescriptor columnFamilyDescriptor = ColumnFamilyDescriptorBuilder.
newBuilder(Bytes.toBytes("data")).build();
            tableDescriptorBuilder.setColumnFamily(columnFamilyDescriptor);
        }
        // 根据对表的配置，创建表
        admin.createTable(tableDescriptorBuilder.build());
        System.out.println("表" + tableName + "创建成功!");
    }
}
```

删除表，如代码 4-46 所示。

【代码 4-46】删除表。

```
public static void deleteTable(String tableName) throws IOException {
    if (tableExist(tableName)) {
        // 使表不可用
        admin.disableTable(TableName.valueOf(tableName));
        // 执行删除操作
        admin.deleteTable(TableName.valueOf(tableName));
        System.out.println("表" + tableName + "删除成功!");
    } else {
        System.out.println("表" + tableName + "不存在!");
    }
}
```

创建命名空间，如代码 4-47 所示。

【代码 4-47】创建命名空间。

```
public static void createNameSpace(String nameSpace) {
    NamespaceDescriptor namespaceDescriptor = NamespaceDescriptor.create(nameSpace).build();
    try {
        admin.createNamespace(namespaceDescriptor);
    } catch (NamespaceExistException e) {
        System.out.println(nameSpace + "命名空间已经存在 !");
    } catch (IOException e) {
        e.printStackTrace();
    }
}
```

向表中插入数据，如代码 4-48 所示。

【代码 4-48】向表中插入数据。

```java
public static void addRowData(String tableName, String rowKey, String columnFamily, String column,
String value) throws IOException {
    // 获取 Table 对象
    Table table = connection.getTable(TableName.valueOf(tableName));
    // 向表中插入数据
    Put put = new Put(Bytes.toBytes(rowKey));
    // 向 Put 对象中组装数据
    put.addColumn(Bytes.toBytes(columnFamily),Bytes.toBytes(column), Bytes.toBytes(value));
    table.put(put);
    table.close();
    System.out.println(" 插入数据成功 ");
}
```

删除多行数据，如代码 4-49 所示。

【代码 4-49】删除多行数据。

```java
public static void deleteData(String tableName, String... rowKey) throws IOException {
    Table table = connection.getTable(TableName.valueOf(tableName));
    List<Delete> deleteList = new ArrayList<Delete>();
    for (String row : rowKey) {
        Delete delete = new Delete(Bytes.toBytes(row));
        deleteList.add(delete);
    }
    table.delete(deleteList);
    table.close();
}
```

全表扫描，如代码 4-50 所示。

【代码 4-50】全表扫描。

```java
public static void scanTable(String tableName) throws IOException {
    Table table = connection.getTable(TableName.valueOf(tableName));
    // 得到用于扫描 Region 的对象
    Scan scan = new Scan();
    // 使用 table 得到 ResultScanner 实现类的对象
    ResultScanner results = table.getScanner(scan);
    for (Result result : results) {
        Cell[] cells = result.rawCells();
        for (Cell cell : cells) {
            // 得到 rowkey
            System.out.println(" 行键 :" + Bytes.toString(CellUtil.cloneRow(cell)) +
```

```
                 ", 列族 " + Bytes.toString(CellUtil.cloneFamily(cell)) +
                 ", 列 : " + Bytes.toString(CellUtil.cloneQualifier(cell)) +
                 ", 值 : " + Bytes.toString(CellUtil.cloneValue(cell)));
        }
    }
    table.close();
}
```

获取指定 RowKey 的数据，如代码 4-51 所示。

【代码 4-51】获取指定 RowKey 的数据。

```
public static void getData(String tableName, String rowKey) throws IOException {
    Table table = connection.getTable(TableName.valueOf(tableName));
    Get get = new Get(Bytes.toBytes(rowKey));
    //get.setMaxVersions(); 显示所有版本
    //get.setTimeStamp(); 显示指定时间戳的版本
    Result result = table.get(get);
    for (Cell cell : result.rawCells()) {
        System.out.println(" 行键 : " + Bytes.toString(CellUtil.cloneRow(cell)) +
            ", 列族 " + Bytes.toString(CellUtil.cloneFamily(cell)) +
            ", 列 : " + Bytes.toString(CellUtil.cloneQualifier(cell)) +
            ", 值 : " + Bytes.toString(CellUtil.cloneValue(cell)));
    }
    table.close();
}
```

获取指定"列族 : 列"的数据，如代码 4-52 所示。

【代码 4-52】获取指定"列族 : 列"的数据。

```
public static void getData(String tableName, String rowKey, String columnFamily, String column) throws
IOException {
    Table table = connection.getTable(TableName.valueOf(tableName));
    Get get = new Get(Bytes.toBytes(rowKey));
    get.addColumn(Bytes.toBytes(columnFamily), Bytes.toBytes(column));
    Result result = table.get(get);
    for (Cell cell : result.rawCells()) {
        System.out.println(" 行键 : " + Bytes.toString(CellUtil.cloneRow(cell)) +
            ", 列族 " + Bytes.toString(CellUtil.cloneFamily(cell)) +
            ", 列 : " + Bytes.toString(CellUtil.cloneQualifier(cell)) +
            ", 值 : " + Bytes.toString(CellUtil.cloneValue(cell)));
    }
}
```

项　目　总　结

通过本项目的学习，掌握了分布式存储数据库 HBase 的相关基础知识，如 HBase 框架结构、HBase 表结构分析等；了解了数据库存储结构和存储方式；掌握了 HBase 的单节点部署、HBase 的集群部署、HBase Shell 操作、HBase 的 Java 编程基础。

通过本项目的学习，能够提高应用 Linux 系统的能力、探索知识的能力、HBase 编程开发的能力。

本项目的技能图谱如图 4-19 所示。

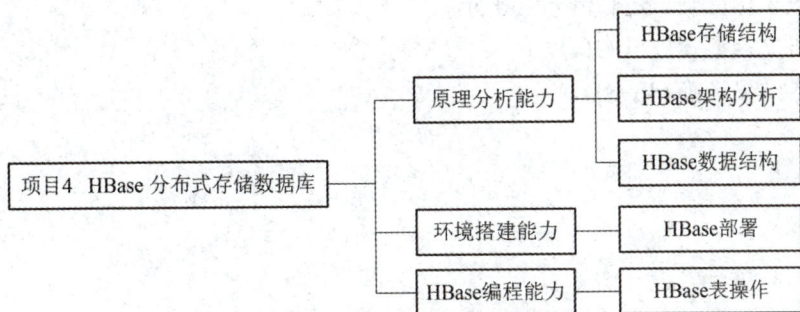

◆ 图 4-19　项目 4 技能图谱

思 考 与 练 习

1. HBase 是一个面向列的数据库，它的表结构是怎样的？
2. HBase 存储机制是怎么样的？
3. HBase 的读写流程是怎样的？
4. HBase 的核心架构组件是什么？

拓 展 训 练

创建 HBase 表并进行数据插入分析。

训练要求：

(1) 在代码中配置数据库连接，连接一个测试数据库，如果没有测试数据库，则通过代码的形式新建一个测试数据库。

(2) 编写代码实现在测试数据库中新建一张测试数据表。

(3) 编写数据插入函数，传入需要插入的数据条数，数据的内容形式不限。

(4) 分别进行 1 条、10 条、100 条、1 万条、10 万条、20 万条、50 万条、100 万条的数据插入，并分别统计对应的时间。

(5) 采用图表的方式分析插入的数据量和时间的关系，并表达出结论。

训练结果：需提交报告描述分析的过程和结果。

考核方式：提交代码，分组进行测试评分，并以 PPT 的形式汇报自己的分析结论，时间要求 15 ～ 20 分钟。

> **评价标准：**

(1) 个人表达准确，逻辑清晰 (30 分)。

(2) 报告文档格式规范 (30 分)。

(3) 报告结果正确 (40 分)。

项目 5　ZooKeeper 分布式协调服务

>>>> 项目引入

实际上，分布式系统的运行很复杂。昨晚系统运行的时候，网络通信突然中断，节点失效，把我们的运维专家客户 A 忙坏了，对马克开启了"夺命连环 Call"。

客户 A：马克，出现问题了，Master 挂机，我把以前的数据紧急备份了，可是心里还有些不踏实。

马克：怎么了？

客户 A：我担心挂机时的数据与我备份的数据有差异啊，万一资源访问出现了数据不一致，怎么办呢？

马克：哈哈，这个你不用担心，我搭建的环境应用了 ZooKeeper，可以保证集群节点的高可用，故障节点自动切换，数据自动迁移，出现这种情况没有问题。

到底 ZooKeeper 是什么？下面将为大家介绍 ZooKeeper 技术并通过实战说明ZooKeeper 是如何用于集群搭建的。

>>>> 任务目标

(1) 了解 ZooKeeper 及其特点。

(2) 了解 ZooKeeper 的设计目标。

(3) 掌握 ZooKeeper 的集群搭建。

(4) 掌握 ZooKeeper 的核心概念。

(5) 掌握 ZooKeeper 的典型应用场景。

>>>> 知识图谱

本项目的知识图谱如图 5-1 所示。

```
                              ┌─────────────────────┐
                              │ 任务5.1   了解 ZooKeeper 的 │
                              │         原理和特性        │
                              └─────────────────────┘

                              ┌─────────────────────┐
                              │ 任务5.2   了解 ZooKeeper 的 │
                              │         设计目标         │
                              └─────────────────────┘

┌─────────────────┐          ┌─────────────────────┐          ┌──────────────────┐
│ 项目5  ZoopKeeper 分布式 │          │ 任务5.3   实现 ZooKeeper │          │ 5.3.1   集群规划   │
│      协调服务       │          │         集群搭建         │          └──────────────────┘
└─────────────────┘          └─────────────────────┘          ┌──────────────────┐
                                                             │ 5.3.2   安装流程   │
                                                             └──────────────────┘
                              ┌─────────────────────┐
                              │ 任务5.4   掌握 ZooKeeper 的 │
                              │         核心概念         │
                              └─────────────────────┘

                              ┌─────────────────────┐
                              │ 任务5.5   了解 ZooKeeper 的 │
                              │         典型应用场景       │
                              └─────────────────────┘
```

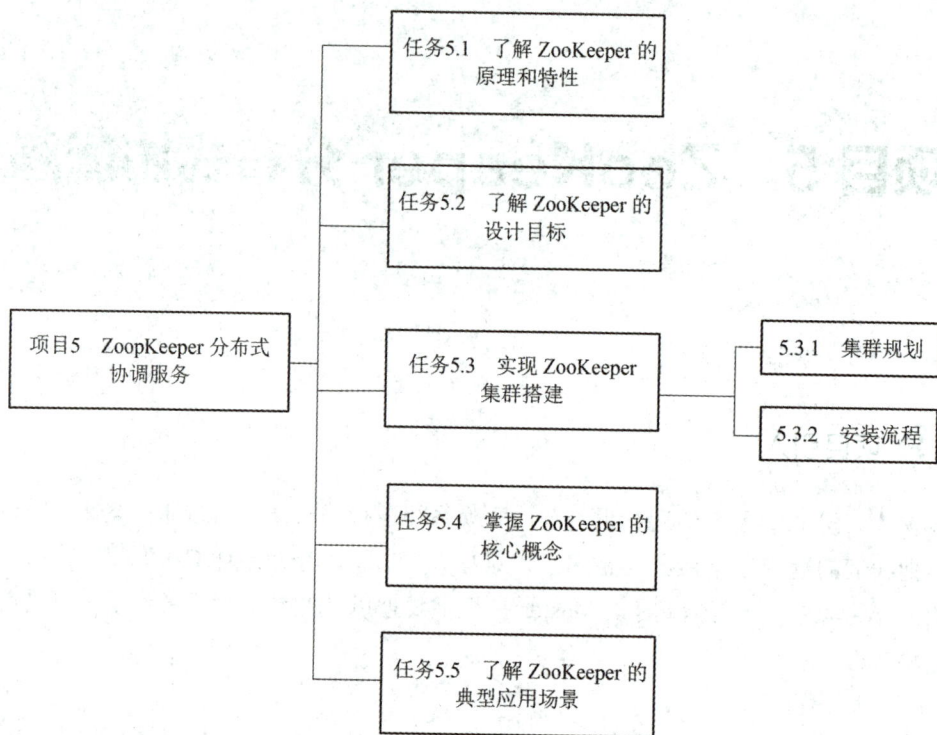

◆ 图 5-1　项目 5 知识图谱

任务 5.1　了解 ZooKeeper 的原理和特性

任务描述

ZooKeeper 是 Google 的 Chubby 一个开源的实现。ZooKeeper 的目标就是封装好复杂易出错的关键服务，将简单易用的接口和性能高效、功能稳定的系统提供给用户。目前，ZooKeeper 是 Hadoop 的一个开源组件，负责分布式协调服务，包含一个简单的原语集。分布式应用程序可以基于 ZooKeeper 实现同步服务、配置维护和命名服务等。

对于 Hadoop 集群，ZooKeeper 的事件处理机制确保了整个 Hadoop 集群只有一个活跃的 NameNode，并存储配置信息等。对于 HBase 分布式存储数据库，ZooKeeper 为了确保整个 HBase 集群只有一个活跃的 HMaster，也使用了 ZooKeeper 的事件处理机制，并且监测 HRegionServer 联机、宕机、存储访问控制列表等。

既然 ZooKeeper 是分布式协调服务组件，那么它的原理是怎样的呢？它又具备怎样的特性呢？

1. ZooKeeper 的原理

ZooKeeper 的分布式协调服务是以 Fast Paxos 算法为基础的，通过选举机制来确保服务状态的稳定性和可靠性。

Fast Paxos 算法是在 Paxos 算法的基础上进行优化的，Paxos 算法存在活锁 (多个 Proposer 交错提交，有可能出现互相排斥而导致所有 Proposer 不能提交成功) 的问题。而 Fast Paxos 则通过选举的方式，在整个 ZooKeeper 集群中产生一个 Leader(领导者)，其他都是 Follower(跟随者)，只有 Leader 才能提交 Proposer。Leader 永远只有一个，当 Leader 所在的主机宕机时，ZooKeeper 维持的选举机制会立即从 Follower 中选出一个作为 Leader。

2. ZooKeeper 的特性

ZooKeeper 是一个开源的分布式协调服务，目前由 Apache 进行维护。ZooKeeper 可以用于实现分布式系统中常见的发布 / 订阅、负载均衡、命令服务、分布式协调 / 通知、集群管理、Master 选举、分布式锁及分布式队列等功能。

ZooKeeper 具有以下特性：

(1) 顺序一致性。从一个客户端发起的事务请求，最终都会严格按照其发起顺序被应用到 ZooKeeper 中。

(2) 原子性。所有事务请求的处理结果在整个集群中的所有机器上都是一致的，不存在一部分机器应用了该事务，而另一部分没有应用的情况。

(3) 单一视图。所有客户端看到的服务端数据模型都是一致的。

(4) 可靠性。一旦服务端成功应用了一个事务，则其引起的改变会一直保留，直到被另外一个事务所更改。

(5) 实时性。一旦一个事务被成功应用后，ZooKeeper 可以保证客户端立即可以读取到这个事务变更后的最新状态的数据。

任务 5.2　了解 ZooKeeper 的设计目标

▶▶▶ 任务描述

ZooKeeper 致力于为那些高吞吐的大型分布式系统，提供高性能、高可用且具有严格顺序访问控制能力的分布式协调服务。下面我们来了解它的 4 个设计目标。

1. 目标一：简单的数据模型

ZooKeeper 通过树形结构存储数据，它由一系列被称为 ZNode 的数据节点组成，类似于常见的文件系统。不过与常见的文件系统不同，ZooKeeper 将数据全量存储在内存中，以此来实现高吞吐，减少访问延迟，如图 5-2 所示。

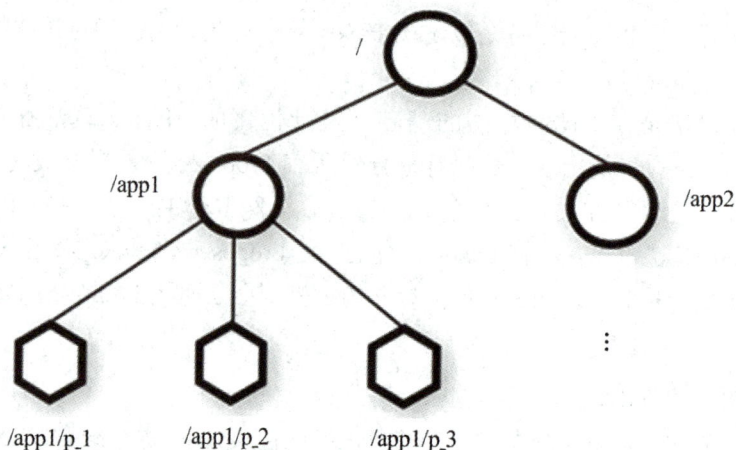

◆ 图 5-2　ZooKeeper 数据模型

2. 目标二：构建集群

可以由一组 ZooKeeper 服务构成 ZooKeeper 集群，集群中每台机器都会单独在内存中维护自身的状态，并且每台机器之间都保持着通信，只要集群中有半数机器能够正常工作，那么整个集群就可以正常提供服务，如图 5-3 所示。

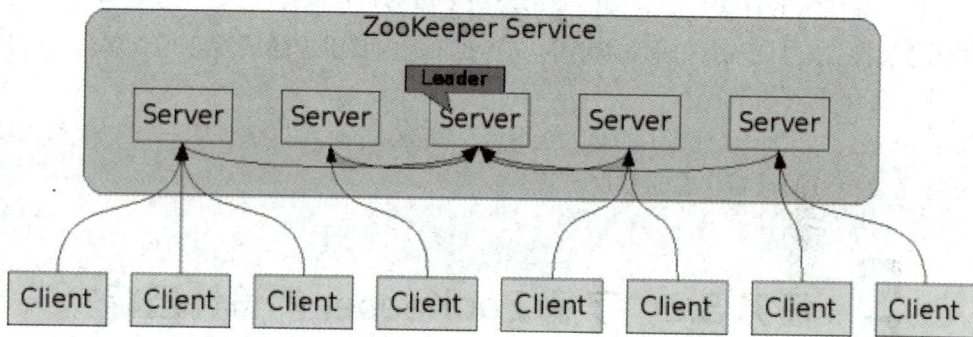

◆ 图 5-3　ZooKeeper 构造集群

3. 目标三：顺序访问

对于来自客户端的每个更新请求，ZooKeeper 都会分配一个全局唯一的递增 ID，这个 ID 反映了所有事务请求的先后顺序。

4. 目标四：高性能高可用

ZooKeeper 将数据全量存储在内存中以保持高性能，并通过服务集群来实现高可用。由于 ZooKeeper 的所有更新和删除都是基于事务的，因此其在读多写少的应用场景中有着很高的性能表现。

任务 5.3　实现 ZooKeeper 集群搭建

任务描述

在前面任务中我们已经整体认知和了解了 ZooKeeper，接下来需要搭建 ZooKeeper集群。

5.3.1　集群规划

ZooKeeper 集群规划 (注意：部署实验根据实际情况 IP 和主机名可能不一样)，如表5-1 所示。

表 5-1　ZooKeeper 集群规划

IP	主机名	myid 的值
10.0.0.71	nodea	1
10.0.0.72	nodeb	2
10.0.0.73	nodec	3

5.3.2　安装流程

1. 软件下载

下载 ZooKeeper 的压缩包，下载地址为 http://archive.apache.org/dist/zookeeper/。

下载 ZooKeeper 的版本为 3.4.9，下载完成之后上传到虚拟机 Linux 系统的 /export/software 路径下进行安装。

2. 上传并解压

向三台虚拟机上传 ZooKeeper 并解压，命令如代码 5-1 所示。

【代码 5-1】进入压缩包存放目录命令。

```
cd /export/software
```

选中压缩包上传，命令如代码 5-2 所示。

【代码 5-2】上传压缩包命令。

```
rz -E
```

解压压缩包，命令如代码 5-3 所示。

【代码 5-3】解压压缩包命令。

```
tar -zxvf zookeeper-3.4.9.tar.gz -C ../servers/
```

3. 修改配置文件

第一台虚拟机器修改配置文件，进入 ZooKeeper 的配置文件目录，命令如代码 5-4 所示。

【代码 5-4】进入 ZooKeeper 的配置文件目录命令。

```
cd /export/servers/zookeeper-3.4.9/conf/
```

拷贝一份配置文件备用，命令如代码 5-5 所示。

【代码 5-5】拷贝配置文件命令。

```
cp zoo_sample.cfg zoo.cfg
```

创建 ZooKeeper 的数据存储文件夹，命令如代码 5-6 所示。

【代码 5-6】创建 ZooKeeper 的数据存储文件夹命令。

```
mkdir -p /export/servers/zookeeper-3.4.9/zkdatas/
```

编辑 ZooKeeper 的配置文件，命令如代码 5-7 所示。

【代码 5-7】编辑 ZooKeeper 的配置文件命令。

```
vim  zoo.cfg
```

在 ZooKeeper 的配置文件中配置以下内容，如代码 5-8 所示。

【代码 5-8】编辑 ZooKeeper 的配置文件内容。

```
#ZooKeeper 的数据存储文件夹
dataDir=/export/servers/zookeeper-3.4.9/zkdatas
# 保留多少个快照
autopurge.snapRetainCount=3
# 日志多少小时清理一次
autopurge.purgeInterval=1
# 集群中服务器地址
server.1=nodea:2888:3888
server.2=nodeb:2888:3888
server.3=nodec:2888:3888
```

4. 添加 myid 配置

在第一台虚拟机的 /export/servers/zookeeper-3.4.9/zkdatas / 路径下创建一个文件，文件名为 myid , 文件内容为 1, 命令如代码 5-9 所示。

【代码 5-9】添加 myid 配置命令。

```
echo 1 > /export/servers/zookeeper-3.4.9/zkdatas/myid
```

5. ZooKeeper 软件分发并修改 myid 的值

ZooKeeper 软件分发到其他机器，第一台虚拟机上面执行以下两个命令，如代码 5-10 所示。

【代码 5-10】分发 myid 配置文件命令。

```
scp -r  /export/servers/zookeeper-3.4.9/ nodeb:/export/servers/
scp -r  /export/servers/zookeeper-3.4.9/ nodec:/export/servers/
```

在第二台虚拟机上修改 myid 的值为 2，命令如代码 5-11 所示。

【代码 5-11】添加 myid 配置命令。

```
echo 2 > /export/servers/zookeeper-3.4.9/zkdatas/myid
```

在第三台虚拟机上修改 myid 的值为 3，命令如代码 5-12 所示。

【代码 5-12】添加 myid 配置命令。

```
echo 3 > /export/servers/zookeeper-3.4.9/zkdatas/myid
```

6. 三台虚拟机启动 ZooKeeper 服务

三台虚拟机依次执行如代码 5-13 所示的命令，查看启动状态和 ZooKeeper 集群各节点角色，结果分别如图 5-4 至图 5-6 所示。

【代码 5-13】查看启动状态命令。

```
/export/servers/zookeeper-3.4.9/bin/zkServer.sh status
```

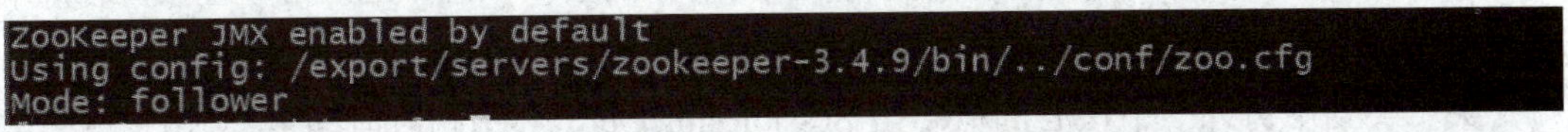

```
ZooKeeper JMX enabled by default
Using config: /export/servers/zookeeper-3.4.9/bin/../conf/zoo.cfg
Mode: follower
```

◆ 图 5-4　启动 ZooKeeper 并查看第一台虚拟机 ZooKeeper 启动状态

```
ZooKeeper JMX enabled by default
Using config: /export/servers/zookeeper-3.4.9/bin/../conf/zoo.cfg
Mode: leader
```

◆ 图 5-5　启动 ZooKeeper 并查看第二台虚拟机 ZooKeeper 启动状态

```
ZooKeeper JMX enabled by default
Using config: /export/servers/zookeeper-3.4.9/bin/../conf/zoo.cfg
Mode: follower
```

◆ 图 5-6　启动 ZooKeeper 并查看第三台虚拟机 ZooKeeper 启动状态

7. 关闭 ZooKeeper 集群

如果需要关闭 ZooKeeper，则三台虚拟机都要执行以下命令，如代码 5-14 所示。

【代码 5-14】关闭 ZooKeeper 命令。

```
/export/servers/zookeeper-3.4.9/bin/zkServer.sh stop
```

任务 5.4　掌握 ZooKeeper 的核心概念

任务描述

在前面任务中我们认识和使用了 ZooKeeper，接下来继续了解一下 ZooKeeper 的核心概念。

1. 集群角色

ZooKeeper 集群中的机器分为下面三种角色。

(1) Leader：为客户端提供读写服务，并维护集群状态，它是由集群选举产生的。

(2) Follower：为客户端提供读写服务，并定期向 Leader 汇报自己的节点状态，同时也参与写操作"过半写成功"的策略和 Leader 的选举。

(3) Observer：为客户端提供读写服务，并定期向 Leader 汇报自己的节点状态，但不参与写操作"过半写成功"的策略和 Leader 的选举，因此 Observer 可以在不影响写性能的情况下提升集群的读性能。

2. 会话

ZooKeeper 客户端通过 TCP 通信协议连接到服务集群，会话 (Session) 从第一次连接开始就已经建立，之后通过心跳检测机制来保持有效的会话状态。通过这个连接，客户端可以发送请求并接收响应，同时也可以接收到 Watch 事件的通知。

关于会话中另外一个核心的概念是 SessionTimeOut（会话超时时间），当由于网络故障或者客户端主动断开等原因，导致连接断开时，只要在会话超时时间之内重新建立连接，则之前创建的会话就依然有效。

3. 数据节点

ZooKeeper 数据模型是由一系列基本数据单元 ZNode（数据节点）组成的节点树，其中根节点为 /。每个节点上都会保存自己的数据和节点信息。ZooKeeper 中的节点可以分为以下两大类：

(1) 持久节点。节点一旦创建，除非被主动删除，否则一直存在。

(2) 临时节点。一旦创建该节点的客户端会话失效，则所有该客户端创建的临时节点都会被删除。

临时节点和持久节点都可以添加一个特殊的属性：SEQUENTIAL，代表该节点是否具有递增属性。如果指定该属性，那么在这个节点创建时，ZooKeeper 会自动在其节点名称后面追加一个由父节点维护的递增数字。

4. 节点信息

每个 ZNode 节点在存储数据的同时，都会维护一个叫作 Stat 的数据结构，里面存储了关于该节点的全部状态信息。

5. Watcher

ZooKeeper 中一个常用的功能是 Watcher(事件监听器)，它允许用户在指定节点上针对感兴趣的事件注册监听，当事件发生时，监听器会被触发，并将事件信息推送到客户端。该机制是 ZooKeeper 实现分布式协调服务的重要特性。

6. ACL

ZooKeeper 采用 ACL(Access Control Lists) 策略进行权限控制，类似于 Unix 文件系统

的权限控制。ACL 定义了如下五种权限：

(1) CREATE：允许创建子节点。

(2) READ：允许从节点获取数据并列出其子节点。

(3) WRITE：允许为节点设置数据。

(4) DELETE：允许删除子节点。

(5) ADMIN：允许为节点设置权限。

任务 5.5　了解 ZooKeeper 的典型应用场景

任务描述

在前面任务中我们认识和使用了 ZooKeeper，接下来了解一下 ZooKeeper 的典型应用场景。

1. 数据的发布 / 订阅

数据的发布 / 订阅系统，通常也用作配置中心。在分布式系统中可能有成千上万个服务节点，如果想要对所有服务的某项配置进行更改，则会由于数据节点过多而不可逐台进行修改。因此，应该在设计时采用统一的配置中心，之后发布者只需要将新的配置发送到配置中心，所有服务节点即可自动下载并进行更新，从而实现配置的集中管理和动态更新。

ZooKeeper 通过 Watcher 机制可以实现数据的发布和订阅。分布式系统所有的服务节点可以对某个 ZNode 注册监听，之后只需要将新的配置写入该 ZNode，所有服务节点就都可以收到该事件了。

2. 命名服务

在分布式系统中通常需要一个全局唯一的名字，如生成全局唯一的订单号等，ZooKeeper 可以通过顺序节点的特性生成全局唯一 ID，从而可以对分布式系统提供命名服务。

3. Master 选举

分布式系统一个重要的模式就是主从模式 (Master/Salves)，ZooKeeper 可以用于该模式下的 Matser 选举。可以让所有服务节点去竞争性地创建同一个 ZNode，由于 ZooKeeper 不能有路径相同的 ZNode，因此必然只有一个服务节点能够创建成功，这样该服务节点就可以成为 Master 节点。

4. 分布式锁

可以通过 ZooKeeper 的临时节点和 Watcher 机制实现分布式锁，这里以排他锁为例进行说明。

分布式系统的所有服务节点可以竞争性地去创建同一个临时 ZNode，由于 ZooKeeper 不能有路径相同的 ZNode，因此必然只有一个服务节点能够创建成功，此时可以认为该节点获得了锁。其他没有获得锁的服务节点通过在该 ZNode 上注册监听，从而当锁释放时再去竞争获得锁。

锁的释放情况有两种：一是当正常执行完业务逻辑后，客户端主动将临时 ZNode 删除，此时锁被释放；二是当获得锁的客户端发生宕机时，临时 ZNode 会被自动删除，此时认为锁已经释放。当锁被释放后，其他服务节点会再次竞争性地去进行创建，但每次都只有一个服务节点能够获取到锁，这就是排他锁。

5. 集群管理

ZooKeeper 还能解决大多数分布式系统中的问题。比如可以通过创建临时节点来建立心跳检测机制。如果分布式系统的某个服务节点宕机了，则其持有的会话会超时，此时该临时节点会被删除，相应的监听事件就会被触发。

分布式系统的每个服务节点还可以将自己的节点状态写入临时节点，从而完成状态报告或节点工作进度汇报。

通过数据的订阅和发布功能，ZooKeeper 还能对分布式系统进行模块的解耦和任务的调度。通过监听机制，它还能对分布式系统的服务节点进行动态上下线，从而实现服务的动态扩容。

项 目 总 结

通过本项目的学习，掌握了分布式协调服务 ZooKeeper 的相关基础知识，如 ZooKeeper 框架原理、ZooKeeper 特性等；了解了 ZooKeeper 的核心概念和应用场景；提高了应用 Linux 系统的能力、探索新知识的能力、ZooKeeper 编程开发的能力。

本项目的技能图谱如图 5-7 所示。

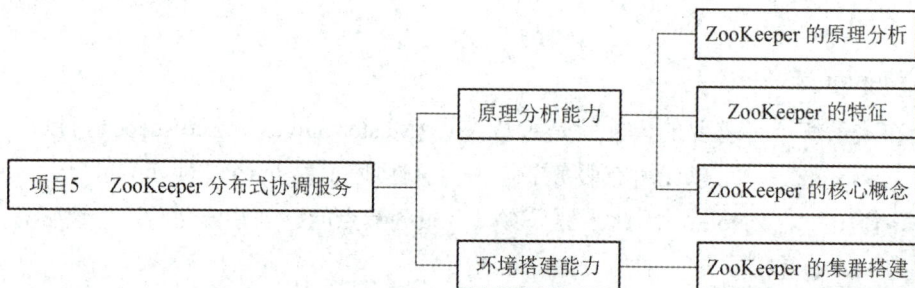

◆ 图 5-7 项目 5 技能图谱

思 考 与 练 习

1. 简述对 ZooKeeper 集群高可用性的理解。

2. ZooKeeper 的特性是什么？

3. ZooKeeper 的核心概念和应用场景是什么？

拓 展 训 练

查看 ZooKeeper 集群的启动状态，并记录分析。

训练要求：搭建 ZooKeeper 集群，改变启动机器的启动顺序，查看集群的启动状态，并记录分析。

训练结果：需提交报告描述分析的过程和结果。

考核方式：采取课内个人报告方式，时间控制在 5 分钟以内。

评价标准：

(1) 个人表达准确，逻辑清晰 (30 分)。

(2) 报告文档格式规范 (30 分)。

(3) 报告结果正确 (40 分)。

项目 6 Flume 数据采集

项目引入

平时那么多的用户日志繁杂凌乱，这可把助理工程师王海鸥难倒了。

王海鸥：用户操作实时进行，相对应的是用户的操作日志实时产生，如果要对如此众多繁乱的日志进行筛选储存，该如何操作呢？

马克：可以试试使用 Flume 框架，对用户日志进行简单处理，并写到各种数据接收方（可定制）。

任务目标

(1) 了解 Flume 的运行机制。
(2) 清楚 Flume 的结构图。
(3) 掌握 Flume 的安装部署。
(4) 熟练应用实战案例一。
(5) 熟练应用实战案例二。

知识图谱

本项目的知识图谱如图 6-1 所示。

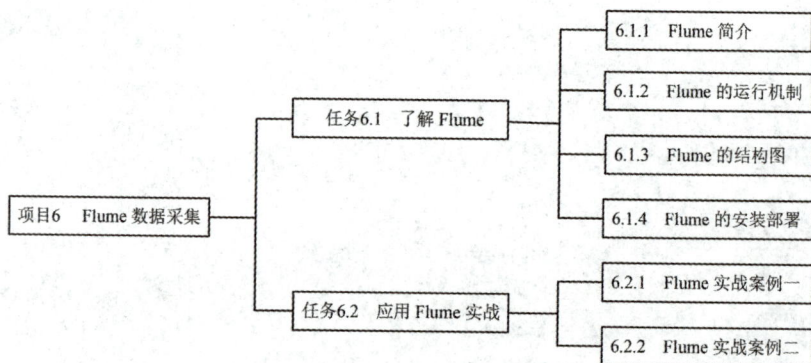

◆ 图 6-1 项目 6 知识图谱

任务 6.1 了解 Flume

任务描述

一个上线的应用系统中存在日志、事件等数据信息，我们也可以在后台开发的时候定义更多的日志，这样，用户执行某些操作的时候就可以得到更多更丰富的日志数据，这些数据会包含用户的操作行为习惯。

将这些数据采集到 Hadoop 系统中就需要用到 Flume，本任务将讲述 Flume 的运行机制、环境部署及实战应用等。

6.1.1 Flume 简介

Flume 是一个分布式、高可靠和高可用的海量日志采集、聚合和传输的系统。

Flume 可以采集 socket 数据包、文件、文件夹、Kafka 等各种形式的源数据，又可以将采集到的数据（下沉 Sink）输出到 HDFS、HBase、Flume、Kafka 等众多外部存储系统中。

一般的采集需求，通过对 Flume 的简单配置即可实现；Flume 针对特殊场景也具备良好的自定义扩展能力。因此，Flume 可以适用于大部分的日常数据采集场景。

6.1.2 Flume 的运行机制

Flume 分布式系统中最核心的角色是 Agent，Flume 采集系统就是由一个个 Agent 所连接起来形成的。

每一个 Agent 相当于一个数据传递员，其内部有以下 3 个组件。

(1) Source：采集组件，用于同数据源对接，以获取数据。

(2) Sink：下沉组件，用于向下一级 Agent 传递数据或者向最终存储系统传递数据。

(3) Channel：传输通道组件，用于从 Source 将数据传递到 Sink。

Flume 的运行机制如图 6-2 所示。

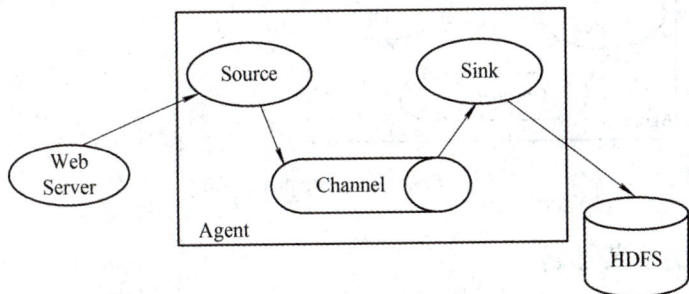

◆ 图 6-2　Flume 的运行机制

6.1.3　Flume 的结构图

Flume 的结构分为简单结构和复杂结构。

1. 简单结构

单个 Agent 采集数据，其结构图如图 6-3 所示。

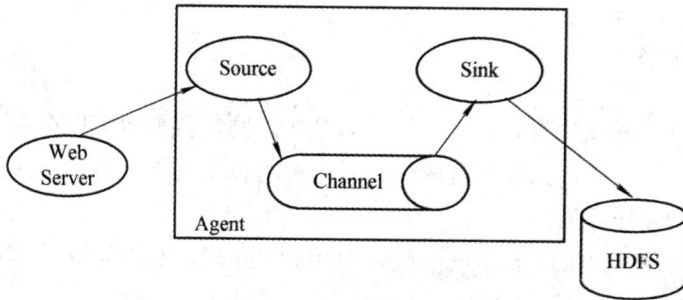

◆ 图 6-3　单个 Agent 结构图

2. 复杂结构

多级 Agent 之间串联，其结构图如图 6-4 所示。

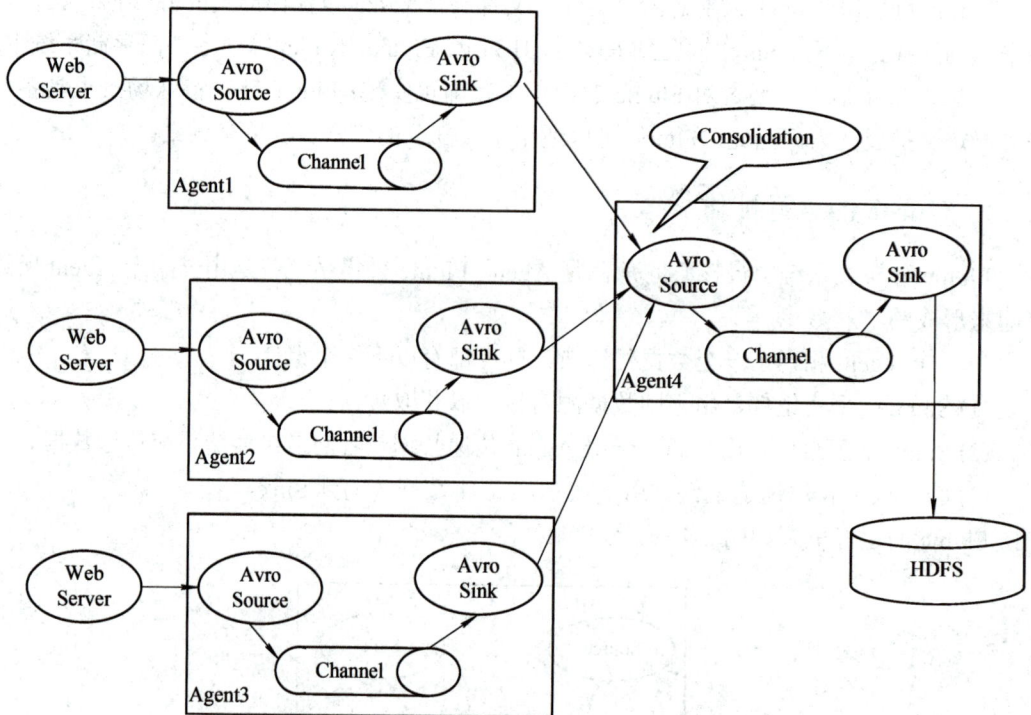

◆ 图 6-4　多个 Agent 结构图

6.1.4　Flume 的安装部署

Flume 安装部署的操作步骤如下：

(1) 在 nodea 节点运行以下语句，注意提升为 root 权限执行。

① 创建 Flume 的安装目录，如代码 6-1 所示。

【代码 6-1】创建目录并设置目录属主。

```
su
mkdir /opt/flume
chown hadoop:wheel /opt/flume
```

② 提升 root 用户权限执行以下语句，加入 ZooKeeper 环境变量，如代码 6-2 所示。

【代码 6-2】修改配置文件。

```
su
echo"export FLUME_HOME=/opt/flume
export PATH=\$FLUME_HOME/bin:\$PATH" >>/etc/profile
```

③ 切换回 hadoop 用户，如代码 6-3 所示。

【代码 6-3】切换回 hadoop 用户。

```
su hadoop
```

④ 使配置文件生效，如代码 6-4 所示。

【代码 6-4】使配置文件生效。

```
source /etc/profile
```

(2) 使用 hadoop 用户登录 nodea 节点。

(3) 上传 Flume 安装包 apache-flume-1.8.0-bin.tar.gz 到 nodea 节点 /home/hadoop 目录。

(4) 解压 apache-flume-1.8.0-bin.tar.gz 到 /home/hadoop 目录，如代码 6-5 所示。

【代码 6-5】解压文件。

```
tar -xvf apache-flume-1.8.0-bin.tar.gz
```

(5) 把解压以后的目录移到安装目录，如代码 6-6 所示。

【代码 6-6】移动文件。

```
sudo mv ~/apache-flume-1.8.0-bin/* /opt/flume
```

(6) 输入命令查看 Flume 版本，如代码 6-7 所示。

【代码 6-7】查看 Flume 版本信息。

```
flume-ng version
```

任务 6.2　应用 Flume 进行实战

任务描述

　　掌握 Flume 实战的步骤，可以轻松地将一个上线的应用系统中的日志、事件等数据信息采集到 Hadoop 系统中。本任务将介绍两个简单的实战案例，让读者逐步掌握使用

Flume 采集日志数据。

6.2.1　Flume 实战案例一

【案例需求描述】

配置 Flume 与使用 Avro(Source)、Memory(Channel)、Logger(Sink) 组合的 Agent，Avro Source 会启动一个 RPC 的 Netty 服务器，此实验配置监听端口为 4141 。Avro Source 通过监听发送过来的文件，通过 Flume 的 Channel，输出到 Logger Sink。Logger Sink 可以打印文件的内容到控制台。

【采集步骤】

(1) 创建 Agent 配置文件 /opt/flume/conf/avro.conf，并按代码 6-8 进行配置。

【代码 6-8】修改配置文件。

```
vim /opt/flume/conf/avro.conf
```

进行如代码 6-9 所示的修改。

【代码 6-9】配置文件添加的信息。

```
agent1.sources = srch2
agent1.sinks = ssink2
agent1.channels = ch1


# 配置 Source 监听端口为 4141 的 Avro 服务
agent1.sources.srch2.type = avro
agent1.sources.srch2.bind = 0.0.0.0
agent1.sources.srch2.port = 4141
agent1.sources.srch2.channels = ch1


# 配置 Sink
agent1.sinks.ssink2.type = logger
agent1.sinks.ssink2.channel = ch1


# 配置 Channel
agent1.channels.ch1.type = memory
agent1.channels.ch1.capacity = 1000
agent1.channels.ch1.transactionCapacity = 100
```

(2) 启动 Agent agent1，如代码 6-10 所示。

【代码 6-10】启动 Agent agent1。

```
flume-ng agent --conf /opt/flume/conf/ --conf-file /opt/flume/conf/avro.conf --name
agent1 -Dflume.root.logger=INFO,console
```

(3) 使用 XShell 重新打开一个新终端窗口,创建 avro-input1.txt 输入一些信息,如代码 6-11 所示。

【代码 6-11】向文件添加信息。

```
echo "hello flume" > ~/avro-input1.txt
```

(4) 在新终端窗口使用 avro-client 向 agent1 监听的 Avro 服务发送文件,如代码 6-12 所示。

【代码 6-12】发送文件。

```
flume-ng avro-client -c /opt/flume/conf/ -H 0.0.0.0 -p 4141 -F ~/avro-input1.txt
```

(5) 在第一个终端窗口输出信息的最后一行可以看到发送文件的内容,如代码 6-13 所示。

【代码 6-13】查看发送文件的内容。

```
(SinkRunner-PollingRunner-DefaultSinkProcessor)

[INFO - org.apache.flume.sink.LoggerSink.process(LoggerSink.java:95)] Event: { headers:{}

body: 68 65 6C 6C 6F 20 66 6C 75 6D 65          hello flume }
```

6.2.2 Flume 实战案例二

【案例需求描述】

配置 Flume 与使用 Syslog(Source)、Memory(Channel)、HDFS(Sink) 组合的 Agent,Syslog Source 读取 Syslog 数据,产生 Event。Syslog 支持 UDP 和 TCP 协议。通过 Memory Channel,把 Event 写入 HDFS。

【采集步骤】

(1) 创建 Agent 配置文件 /opt/flume/conf/syslogtcp.conf,并按代码 6-14 进行配置。

【代码 6-14】修改配置文件。

```
vim /opt/flume/conf/syslogtcp.conf
```

进行如代码 6-15 所示的修改。

【代码 6-15】配置文件添加的信息。

```
agent2.sources = src2

agent2.sinks = sink2

agent2.channels = ch2

# 配置 Source

agent2.sources.src2.type = syslogtcp

agent2.sources.src2.port = 5140

agent2.sources.src2.host = localhost

agent2.sources.src2.channels = ch2

# 配置 Sink

agent2.sinks.sink2.type = hdfs
```

```
agent2.sinks.sink2.hdfs.path = hdfs://nodea:8020/user/hadoop/flume/syslogtcp

agent2.sinks.sink2.hdfs.filePrefix = Syslog

agent2.sinks.sink2.hdfs.round = true

agent2.sinks.sink2.hdfs.roundValue = 10

agent2.sinks.sink2.hdfs.roundUnit = minute

agent2.sinks.sink2.channel = ch2


# 配置 Channel

agent2.channels.ch2.type = memory

agent2.channels.ch2.capacity = 1000

agent2.channels.ch2.transactionCapacity = 100

# 绑定 Source 和 Sink 到 Channel
```

（2）启动 HDFS，如代码 6-16 所示。

【代码 6-16】启动 HDFS。

```
start-dfs.sh
```

（3）启动 Agent agent2，如代码 6-17 所示。

【代码 6-17】启动 Agent agent2。

```
flume-ng agent -c /opt/flume/conf/ -f /opt/flume/conf/syslogtcp.conf -n agent2
-Dflume.root.logger=INFO,console
```

（4）使用 XShell 启动一个新的终端窗口，输入代码 6-18 所示的命令，测试是否产生 Syslog 文件。

【代码 6-18】指定端口输出信息。

```
echo "hello flume" | nc localhost 5140
```

注意：若 nc 命令找不到，可以使用 yum install nc -y 命令安装。

（5）在新的终端窗口查看 HDFS 相应配置的路径上是否生成了 Syslogtcp 文件，并查看文件内容，正确则能看到"hello flume"，如代码 6-19 所示。

【代码 6-19】在 HDFS 上显示并查看文件。

```
hdfs dfs -ls /user/hadoop/flume/syslogtcp
hdfs dfs -cat /user/hadoop/flume/syslogtcp/Syslog.xxxxxx
```

项 目 总 结

通过本项目的学习，我们了解了数据采集工具 Flume 的运行原理，掌握了其安装和使用方法，并使用 Flume 把 Web 服务器的日志信息采集到 HDFS 上，以便进行后续数据清洗和分析工作。

本项目的技能图谱如图 6-5 所示。

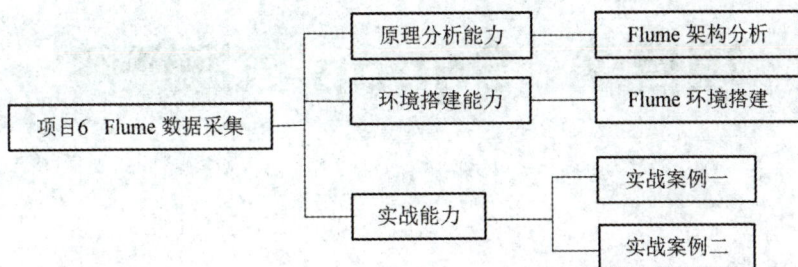

◆ 图 6-5　项目 6 技能图谱

思 考 与 练 习

1. Flume 的原理是什么？
2. Flume 的 Source、Channel、Sink 类型有哪些？
3. Flume 部署与实战可简化为哪几步？

拓 展 训 练

参考 6.2.1 和 6.2.2 小节，监控及采集客户端目录产生的日志，并将日志内容采集到 HDFS。

训练要求：以 Source(文件目录)、Channel(获取磁盘文件)、Sink(将数据发送到 HDFS) 为组合解决需求。

训练结果：需提交报告描述分析的过程和结果。

考核方式：采取课内个人报告方式，时间控制在 5 分钟以内。

评价标准：

(1) 个人表达准确，逻辑清晰 (30 分)。
(2) 报告文档格式规范 (30 分)。
(3) 报告结果正确 (40 分)。

项目 7　Sqoop 数据迁移

> > > 项目引入

将数据存入 HBase 中以后，我们对数据的处理效率有了明显的提高。正当马克准备向上级汇报工作进展的时候，王海鸥再次提出了新问题。

王海鸥：我们系统的数据是存储在结构化数据库 MySQL 中的，但我们对数据进行处理和分析用到的是 HBase 数据库中的数据，这两种方式存储的数据怎样可以转换呢？

马克：这个问题我在部署 HBase 的时候就已经想到了，只是处理这些数据之前需要先将数据导入 HDFS，要想很好地解决这两种方式数据的转换，需要用到数据迁移的利器——Sqoop。

> > > 任务目标

(1) 了解 Sqoop 的运行机制。

(2) 掌握 Sqoop 的安装。

(3) 掌握 Sqoop 的数据导入。

(4) 掌握 Sqoop 的数据导出。

> > > 知识图谱

本项目的知识图谱如图 7-1 所示。

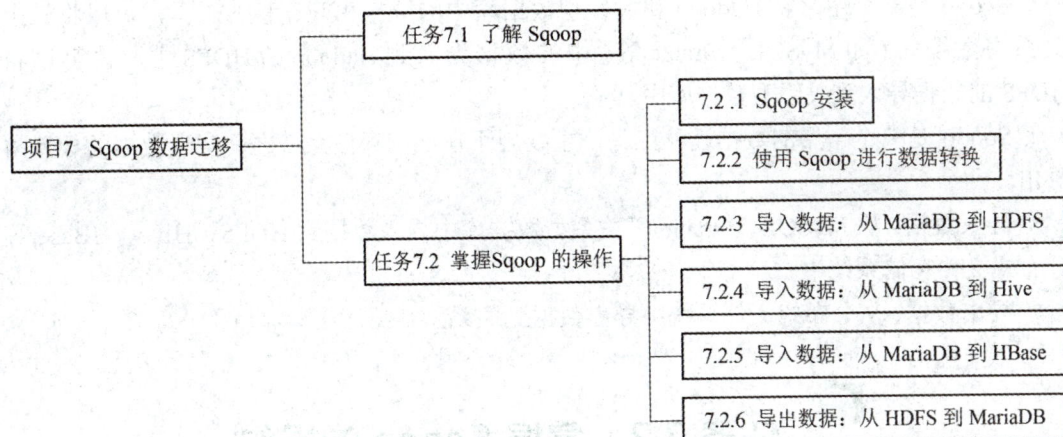

◆ 图 7-1 项目 7 知识图谱

任务 7.1 了解 Sqoop

任务描述

本任务介绍了 Sqoop 及其运行机制。

Sqoop 的运行机制是将执行命令转化成 MapReduce 作业来实现数据的迁移，如图 7-2 所示。

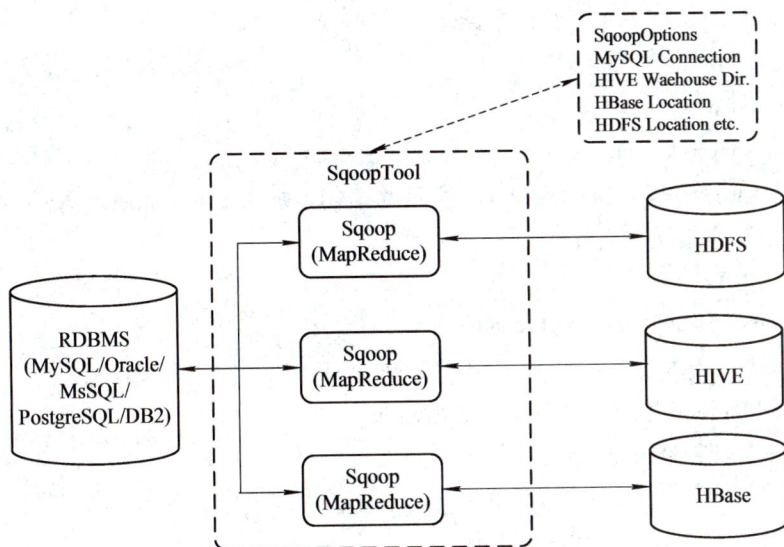

◆ 图 7-2 Sqoop 的运行机制

Sqoop 是一个用来将 Hadoop 和关系型数据库中的数据相互迁移的工具，可以将一个关系型数据库 (如 MySQL、Oracle 等) 中的数据导入到 Hadoop 的 HDFS 中，也可以将 HDFS 的数据导入到关系型数据库中。

Sqoop 是一个常用的数据迁移工具，主要用于在不同存储系统之间实现数据的导入与导出。

导入数据：从 MySQL、Oracle 等关系型数据库中导入数据到 HDFS、Hive、HBase 等分布式文件存储系统中。

导出数据：从分布式文件系统中导出数据到关系型数据库中。

任务 7.2　掌握 Sqoop 的操作

任务描述

本任务介绍了 Sqoop 的安装部署、典型数据迁移场景等内容。

7.2.1　Sqoop 安装

Sqoop 有 Sqoop 1 和 Sqoop 2 两个版本，但是截至目前，官方并不推荐使用 Sqoop 2，因为其与 Sqoop 1 并不兼容，且功能还没有完善，所以这里优先推荐使用 Sqoop 1。

安装 Sqoop 的前提是已经具备 Java 和 Hadoop 的环境。

(1) 在 nodea 节点运行以下语句，注意提升为 root 权限执行。

① 创建 Sqoop 的安装目录，如代码 7-1 所示。

【代码 7-1】创建目录并设置目录属主。

```
su
mkdir /opt/sqoop
chown hadoop:wheel /opt/flume
```

② 提升 root 用户权限执行代码 7-2 所示的语句，加入 ZooKeeper 环境变量。

【代码 7-2】修改配置文件。

```
su
echo "export SQOOP_HOME=/opt/sqoop
export PATH=\$SQOOP_HOME/bin:\$PATH">>/etc/profile
```

③ 切换回 hadoop 用户，如代码 7-3 所示。

【代码 7-3】切换回 hadoop 用户。

```
su hadoop
```

④ 使配置文件生效，如代码 7-4 所示。

【代码 7-4】使配置文件生效。

```
source /etc/profile
```

(2) 使用 hadoop 用户身份登录 nodea 节点。

(3) 上传 Sqoop 安装包 sqoop-1.4.7.bin__hadoop-2.6.0.tar.gz 到 nodea 节点 /home/hadoop 目录中。

(4) 解压 sqoop-1.4.7.bin__hadoop-2.6.0.tar.gz 到 /home/hadoop 目录，如代码 7-5 所示。

【代码 7-5】解压文件。

```
tar -xvf sqoop-1.4.7.bin__hadoop-2.6.0.tar.gz
```

(5) 把解压以后的目录移到安装目录，如代码 7-6 所示。

【代码 7-6】移动文件。

```
sudo mv ~/sqoop-1.4.7.bin__hadoop-2.6.0/* /opt/sqoop
```

(6) 查看 Sqoop 版本，验证 Sqoop 是否安装正确，如代码 7-7 所示。

【代码 7-7】查看 Sqoop 版本信息。

```
sqoop version
```

(7) 上传 MySQL 的驱动包 mysql-connector-java-5.1.48.jar 到 /home/hadoop 目录。

(8) 拷贝驱动包到 Sqoop 的 lib 目录下，如代码 7-8 所示。

【代码 7-8】拷贝驱动包到 Sqoop 的 lib 目录下。

```
mv ~/mysql-connector-java-5.1.48.jar $SQOOP_HOME/lib
```

(9) 拷贝 Hive 的依赖包到 Sqoop 的 lib 目录下，如代码 7-9 所示。

【代码 7-9】拷贝 Hive 的依赖包到 Sqoop 的 lib 目录下。

```
cp $HIVE_HOME/lib/hive-common-2.3.8.jar $SQOOP_HOME/lib/
```

7.2.2　使用 Sqoop 进行数据转换

使用 Sqoop 在 MariaDB、Hive、HDFS、HBase 之间进行数据转换。

(1) 使用 hadoop 用户身份登录 nodea 节点，如代码 7-10 所示。

【代码 7-10】切换 hadoop 用户。

```
su hadoop
```

(2) 上传员工表 SQL 脚本文件 EMP.sql 到 /home/hadoop。

(3) 使用 root 用户登录 MariaDB 数据库，如代码 7-11 所示。

【代码 7-11】登录 MariaDB 数据库。

```
mysql -u root -p
```

(4) 在 MariaDB 中创建名为 sqoopdb 的数据库和名为 sqoop 的用户，如代码 7-12 所示。

【代码 7-12】在数据库中创建 sqoopdb 库和 sqoop 用户。

```
create database sqoopdb;

use sqoopdb;

create user 'sqoop'@'localhost' identified by 'sqoop123';

create user 'sqoop'@'%' identified by 'sqoop123';

grant all on sqoopdb.* to 'sqoop'@'localhost';
```

```
grant all on sqoopdb.* to 'sqoop'@'%';
```

(5) 执行 EMP.sql 文件 SQL 语句，如代码 7-13 所示。

【代码 7-13】使用 sqoopdb 库并执行 EMP.sql 脚本。

```
use sqoopdb;

source /home/hadoop/EMP.sql
```

(6) 在 MariaDB 查询员工表内容，如代码 7-14 所示。

【代码 7-14】查询员工表内容。

```
select * from EMP;
```

(7) 退出 MariaDB 的命令终端，如代码 7-15 所示。

【代码 7-15】退出数据库。

```
exit
```

(8) 使用 sqoop 用户登录 MariaDB 的数据库，并查询是否存在 sqoopdb 库，如代码 7-16 所示。

【代码 7-16】使用 sqoop 用户登录数据库并查询是否存在 sqoopdb 库。

```
sqoop list-databases --connect jdbc:mysql://localhost:3306/ --username root -password 123456
```

(9) 使用 sqoop 用户对 MariaDB 的数据库的 sqoopdb 库进行查询，看是否存在 EMP 表，如代码 7-17 所示。

【代码 7-17】使用 sqoop 用户对 sqoopdb 库查询是否存在 EMP 表。

```
sqoop list-tables --connect jdbc:mysql://localhost:3306/sqoopdb --username sqoop -password sqoop123
```

7.2.3 导入数据：从 MariaDB 到 HDFS

从 MariaDB 到 HDFS 导入数据的操作步骤如下：

(1) 启动 Hadoop，如代码 7-18 所示。

【代码 7-18】启动 Hadoop。

```
start-hdp.sh
```

(2) 把 MariaDB 中的 EMP 表导出到 HDFS 的 /sqoop 目录，如代码 7-19 所示。其中，参数 -m 1 表示使用 1 个 Mapper。

【代码 7-19】把 MariaDB 中的 EMP 表导出到 HDFS 的 /sqoop 目录。

```
hdfs dfs -rm -r /sqoop

sqoop import --connect jdbc:mysql://nodea:3306/sqoopdb --username sqoop -password sqoop123 --table
EMP -target-dir /sqoop -m 1
```

(3) 对输出导入的结果进行查看，如代码 7-20 所示。

【代码 7-20】在 HDFS 中查看文件。

```
hdfs dfs -cat /sqoop/part-m-00000
```

7.2.4 导入数据：从 MariaDB 到 Hive

从 MariaDB 到 Hive 导入数据的操作步骤如下：

(1) 把 MariaDB 的 EMP 表导入到 Hive，如代码 7-21 所示。

【代码 7-21】把 MariaDB 的 EMP 表导入到 Hive。

```
sqoop import --connect jdbc:mysql://nodea:3306/sqoopdb --username sqoop -password sqoop123 --table
EMP --fields-terminated-by '\t' --target-dir /user/hadoop/db2hive --num-mappers 1 --hive-database default
--hive-import --hive-table emp
```

(2) 启动 Hive，并查询 EMP 表的内容，如代码 7-22 和代码 7-23 所示。

【代码 7-22】启动 Hive。

```
hive
```

【代码 7-23】查询 EMP 表的内容。

```
hive (default)> use default;
hive (default)> select * from emp;
```

7.2.5　导入数据：从 MariaDB 到 HBase

从 MariaDB 到 HBase 导入数据的操作步骤如下：

(1) 启动 HBase，并登录 HBase，如代码 7-24 所示。

【代码 7-24】启动 HBase。

```
start-dfs.sh
start-hbase.sh
hbase shell
```

(2) 创建一个 HBase 表 EMP，如代码 7-25 所示。

【代码 7-25】创建一个 HBase 表 EMP。

```
create 'EMP', { NAME => 'EMPINFO', VERSIONS => 5}
```

注：上面命令在 HBase 中创建了一个 EMP 表，这个表中有一个列族 EMPINFO，历史版本保留数量为 5。

(3) 创建完成，通过命令 list 可以看到 HBase 中有表 EMP，如代码 7-26 所示。

【代码 7-26】查看所有表。

```
list
```

(4) 退出 HBase Shell，如代码 7-27 所示。

【代码 7-27】退出 HBase Shell。

```
quit
```

(5) 把 commons-lang-2.6.jar 上传到 /opt/sqoop/lib 目录。

(6) 修改 commons-lang-2.6.jar 权限，让 hadoop 用户可以读取，如代码 7-28 所示。

【代码 7-28】修改 commons-lang-2.6.jar 权限。

```
chown hadoop:wheel /opt/sqoop/lib/commons-lang-2.6.jar
chmod 544 /opt/sqoop/lib/commons-lang-2.6.jar
```

(7) 执行以下命令把 MariaDB 中的 EMP 表导入到 HBase 中的 EMP 表，并使用 EMPNO 作为 RowKey，如代码 7-29 所示。

【代码 7-29】把 EMP 表导入到 HBase 中的 EMP 表。

```
sqoop import --connect jdbc:mysql://nodea:3306/sqoopdb --username sqoop --password sqoop123 --table
EMP --hbase-table EMP --column-family EMPINFO --hbase-row-key EMPNO
```

(8) 再次启动 HBase Shell，如代码 7-30 所示。

【代码 7-30】再次启动 HBase。

```
hbase shell
```

(9) 查看 EMP 表的数据，如代码 7-31 所示。

【代码 7-31】查看 EMP 表的数据。

```
scan 'EMP'
```

7.2.6 导出数据：从 HDFS 到 MariaDB

从 HDFS 到 MariaDB 导出数据的操作步骤如下：

(1) 在导出前需要在 MariaDB 中创建接收 HDFS 数据的空表 EMP2。登录 sqoopdb，如代码 7-32 所示。

【代码 7-32】登录 sqoopdb。

```
mysql sqoopdb -u sqoop -psqoop123
```

(2) 创建接收数据的空表 EMP2，如代码 7-33 所示。

【代码 7-33】创建 EMP2 表格。

```
create table 'EMP2' like 'EMP';
```

(3) 对比 EMP 和 EMP2 的表结构，如代码 7-34 所示。

【代码 7-34】对比 EMP 和 EMP2 的表结构。

```
describe 'EMP2';
describe 'EMP';
```

(4) 通过以下命令把之前导入到 HDFS 的数据再次导出到 MariaDB 的 EMP2 表，如代码 7-35 所示。

【代码 7-35】将数据导出到 EMP2 表。

```
sqoop export --connect jdbc:mysql://nodea:3306/sqoopdb --table EMP2 --export-dir /sqoop/part-m-00000
--username sqoop --password sqoop123 -m 1
```

(5) 导出成功后可进入 MariaDB 查看导出的内容，如代码 7-36 所示。

【代码 7-36】查看导出的内容。

```
select * from  'EMP2';
```

项 目 总 结

通过本项目的学习，可以掌握数据迁移工具 Sqoop。Sqoop 的搭建是沟通传统关系型数据库和 Hadoop 之间的桥梁，让使用大数据技术对传统数据库中的数据进行分析和计算成为可能。本项目的技能图谱如图 7-3 所示。

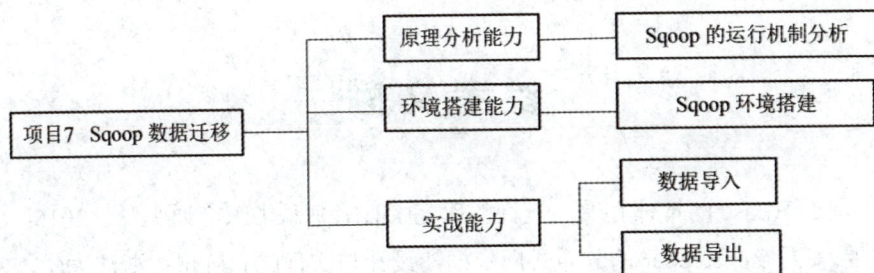

◆ 图 7-3 项目 7 技能图谱

思 考 与 练 习

1. Sqoop 的部署可简化为哪些步骤？
2. Sqoop 导入和导出的应用有哪些？

拓 展 训 练

尝试将 MySQL 数据库中的学生数据导入到 HBase 中，然后再导出到 MySQL。

训练要求：

(1) 成功将 MySQL 数据库中的学生数据导入到 HBase 中。

(2) 成功将 HBase 中的数据导出到 MySQL 中。

训练结果：需提交报告描述分析的过程和结果。

考核方式：采取课内个人报告方式，时间控制在 5 分钟以内。

评价标准：

(1) 个人表达准确，逻辑清晰 (30 分)。

(2) 报告文档格式规范 (30 分)。

(3) 报告结果正确 (40 分)。

参 考 文 献

[1] 赵磊. 基于 HBase 的本体存储与查询的研究[D]. 上海：华东交通大学，2015.

[2] 黄毅斐. 基于 ZooKeeper 的分布式同步框架设计与实现[D]. 杭州：浙江大学，2014.

[3] 李伟卫，李梅，张阳，等. 基于分布式数据仓库的分类分析研究[J]. 计算机应用研究，2013，30(10)：2936-2939，2943.

[4] Apache Software Foundation. Apache Hadoop 3.3.6 Overview［EB/OL］. 2023. https://hadoop.apache.org/docs/stable/hadoop-project-dist/hadoop-common/FileSystemShell.html.

[5] Apache Software Foundation.Apache Hadoop 3.3.6 HDFS Commands Guide［EB/OL］. 2023. https://hadoop.apache.org/docs/stable/hadoop-project-dist/hadoop-hdfs/HDFSCommands.html.

[6] 王海，华东，刘喻，等. Hadoop 权威指南[M]. 北京：清华大学出版社，2017.

[7] 陆嘉恒. Hadoop 实战[M]. 2 版. 北京：机械工业出版社，2022.

[8] [印]尚沙勒·辛格. 精通 Hadoop3 [M]. 张华臻，译. 北京：清华大学出版社，2022.